BusinessVillage

Christina Lange

OKR in der Praxis

Objectives & Key Results – Beispiele, Hacks, Erfahrungen

BusinessVillage

Christina Lange
OKR in der Praxis
Objectives & Key Results – Beispiele, Hacks, Erfahrungen
1. Auflage 2022

Bestellnummern
ISBN 978-3-86980-647-1 (Druckausgabe)
ISBN 978-3-86980-648-8 (E-Book)
ISBN 978-3-86980-649-5 (E-Book)
Direktbezug www.BusinessVillage.de/bl/1134

Bezugs- und Verlagsanschrift
BusinessVillage GmbH
Reinhäuser Landstraße 22
37083 Göttingen
Telefon: +49 (0)5 51 20 99-1 00 Fax: +49 (0)5 51 20 99-1 05
E-Mail: info@businessvillage.de Web: www.businessvillage.de

Layout und Satz | Sabine Kempke

Autorenfoto | Janik Osthoever, Düsseldorf

Druck und Bindung | www.booksfactory.de

Inhalt

Teil 2: Der OKR-Zyklus in all seinen Facetten

Teil 3: Beyond OKR-Zyklus

Über die Autorin

»Einfach machen!« Dafür schlägt Christina Langes Herz im doppelten Sinne: Dinge vereinfachen und ins Rollen bringen. Als Agile Product Coach liebt sie es, Menschen und Organisationen zu fördern und zu fordern. Ihre Leidenschaft gilt der digitalen Produktentwicklung und damit Lösungen für Kund:innen zu schaffen, die wertstiftend und sinnvoll sind. Objective and Key Results ist für sie das unverzichtbare Rahmenwerk, um Organisationen mithilfe von gemeinsamen Zielen strategisch auszurichten. Sie pendelt zwischen den (Arbeits-)Welten. In ihrem Angestelltenverhältnis im Technologieunternehmen METRO.digital gestaltet sie hands-on die Transformation vom IT-Dienstleister zur echten Produktorganisation. Freiberuflich begleitet sie zudem Teams und Organisationen in der agilen Transformation, teilt ihre Erfahrungen auf Konferenzen, Meet-ups, in Podcasts und auf ihrem Blog. Genau diese Mischung macht es für sie aus und ermöglicht ihr, ihre Praxiserfahrung zu sammeln und zu teilen.

Kontakt

E-Mail: christina@pragmaticchange.com

Web: www.pragmaticchange.com

Vorwort

von Timo Salzsieder, Chief Executive Officer, METRO.digital

Es geistern immer wieder Methodiken durch die Geschäftswelt, die angeblich unschlagbare Ansätze zur Lösung vieler Unternehmensprobleme liefern. Treiber dahinter ist im Regelfall die Tech-Industrie, die mit dem Einsatz dieser Methodiken bahnbrechende Entwicklungen scheinbar spielerisch schafft. In dem Atemzug werden die üblichen Verdächtigen wie Google, Amazon, Apple et cetera genannt. In den letzten Jahren ist eine neue Wunderwaffe in aller Munde: Objectives and Key Results (OKR). Der Begriff ist sehr stark mit Google verbunden und es gibt Zitate der Gründer, dass OKR der Schlüssel zum Erfolg von Google war und ist. Entsprechend schießen OKR-Berater wie Pilze aus dem Boden, die mit dieser Methodik die Welt verändern wollen.

Ich selbst hatte vor mehr als zwölf Jahren das erste Mal Berührungspunkte mit OKR, natürlich über einen Kontakt aus dem Silicon Valley, der mir vom Einsatz in seinem Unternehmen vorschwärmte. Dies hat natürlich mein Interesse geweckt und die Recherche zeigte recht schnell, dass es am Ende eine Weiterentwicklung von Management by Objectives (MBO) ist, was sehr stark mit Andy Grove von Intel in Verbindung gebracht wird. Zielvereinbarungen? Dies hatte ich bis zu diesem Zeitpunkt ausschließlich mit Personalentwicklung, Bonus, Karriere et cetera also einem Instrument aus dem Baukasten der Human Resources (HR) verbunden. Und dies sollte nun das neue Wundermittel sein, um ein Unternehmen zum Erfolg zu führen?

Meinen Ausführungen ist zu entnehmen, dass OKR, aus meiner Sicht, kein Schweizer Taschenmesser ist, welches den Unternehmenserfolg garantiert. Aber in der Methodik findet man definitiv die Zutaten, die zu der erfolgreichen Entwicklung eines Unternehmens beitragen. Bei korrekter Anwendung zwingt OKR zur Reflexion der Unternehmensstrategie, sowohl bezüglich einer langfristigen aus Mission und Vision aber auch kurzfristigen taktischen Maßnahmen. Des Weiteren hilft OKR bei der Fokussierung des gesamten Unternehmens über alle Hierarchieebenen hinweg, was aus meiner Sicht der Magic Trick für eine High Performance Organisation ist. Als weiteren Aspekt von OKR möchte ich an dieser Stelle die faktenbasierte Transparenz über die Entwicklung des Unternehmens nennen. An diesem Punkt werden viele wahrscheinlich auf ein Finanzreporting verweisen, über das man doch angeblich den Überblick behält, was gut und was schlecht läuft. Grundsätzlich richtig, aber alle Finanzkennzahlen werden durch Business-Metriken generiert, die erstaunlicherweise nicht viele Unternehmen wirklich kennen. Was mich zu den Voraussetzungen, Tipps und Tricks führt, die ich an dieser Stelle natürlich nur anreißen kann.

Die OKR-Methodik bedingt eine konsequente Nutzung von Business-Kennzahlen. Ich habe in meinen Einführungen von OKR ins Tagesgeschäft schmerzhaft erfahren müssen, dass wir als Unternehmen alles andere als datengetrieben sind. Viele strategischen KPIs waren schlichtweg nicht definiert und schon gar nicht messbar. Entsprechend sind viele Entscheidungen auf entweder Bauchgefühl oder Finanzkennzahlen gefallen, ohne die Hintergründe zu kennen, was eigentlich diese finanziellen Kenngrößen wirklich treibt. Stellen Sie sicher, dass alle Mitarbeitenden den Unterschied zwischen Output und Outcome verstehen (mehr dazu hier im vorliegenden tollen Buch von Christina Lange).

OKR ist in erster Linie ein Management-Framework. Viele packen es in die gleiche Schublade wie Agile, also angeblich ein Werkzeug aus der IT (was übrigens falsch ist, jedoch zugegebenermaßen den Ursprung dort hat). Entsprechend ist der Erfolg von OKR nur dann wirklich signifikant, wenn die Methodik im gesamten Unternehmen eingeführt wurde.

Die OKR-Methodik ist an sich betrachtet relativ einfach. In einem Start-up mit einem oder wenigen Produktteams gestaltet sich die Einführung nicht besonders schwierig. Bei einem internationalen Multi-Milliarden Konzern mit Tausenden an Mitarbeitenden sieht die Situation schon ganz anders aus. Mein klarer Tipp ist hier, klein im Rahmen eines Experiments anzufangen und dann zu skalieren. Tech-Produktteams bieten sich an, aber grundsätzlich ist jeder Bereich mit offenem Mindset für die Piloteinführung geeignet.

Entsprechend ist die Ausprägung der OKR-Methodik in Ihrem Unternehmen sehr individuell. Glauben Sie nicht den Beratern, die religiös die goldenen Regeln von OKR vermitteln. Finden Sie Ihren eigenen Weg, welcher der Kultur und Struktur Ihres Unternehmens entspricht. Alle erfolgreichen OKR-Implementierungen, die ich in den vielen Jahren gesehen habe, waren sehr unterschiedlich.

Erfolgreiche Implementierung? Dies kann nur mit Top-Management Sponsoring gelingen. Das ist Chefsache. Punkt.

Zusammenfassend kann man sagen, dass OKR nicht das Allheilmittel ist. Aber Sie werden verwundert sein, wie sich Ihr Unternehmen positiv auf allen Ebenen – von Optimierung der Unternehmensergebnisse bis hin zu einer Verbesserung der Firmenkultur – durch den Einsatz von »Objectives and Key Results« verändern kann.

1 Über dieses Buch

1.1 Warum es dieses Buch gibt

»There is nothing so useless as doing efficiently that which should not be done at all.«

Peter Drucker, Pionier der Managementlehre

Wenn du dieses Buch in den Händen hältst, bist du wahrscheinlich schon einmal über diese drei Buchstaben gestolpert: OKR. Dies steht für Objective and Key Results und für viele, die damit in Kontakt kommen, ist es die neue Art des Zielesetzens. Das ist richtig, allerdings nur zum Teil. OKR ist weitaus mehr. Es kann deine Art, zu denken und zu handeln, verändern und deine Organisation auf den Kopf stellen.

Warum ich mich in OKR verliebt habe, ist rückblickend sehr einfach: Ich habe eine Abneigung gegen Verschwendung jeglicher Art, ob Lebensmittel oder Lebenszeit. Als ich 2017 das erste Mal mit OKR in Kontakt kam, war ich gleich Feuer und Flamme von der Idee, die richtigen Dinge anzugehen und den Fokus auf das zu richten, was Wirkung erzielt und einen Unterschied macht.

Bis heute habe ich viel gelesen, gelernt, gehört, und experimentiert, wie OKR in Teams und Organisationen einen Mehrwert bringt. Ich habe mich mit Anderen ausgetauscht und selbst offen meine Erfahrungen geteilt, über die Erfolgsmomente und das Gefühl des Scheiterns. Und ich habe festgestellt, dass nur outcome-orientierte Ziele zu schreiben, nicht ausreicht. Ziele setzen, ist nicht schwer, sie zu erreichen, dann doch sehr. Wie schreibt Bart den Haak in seinem Buch so schön: »Having no system is a bit like most New Year resolutions: Great ambitions that quickly fade away in the midst of our busy lives.« (den Haak 2021). Für mich ist OKR mein Betriebssystem, das mir hilft, auf Spur zu bleiben, wenn ich mir das vorgenommen habe, und mich zu regelmäßigen Zeitpunkten bewusst zu stoppen, sodass ich mich damit auseinandersetzen kann, wo ich in der Zukunft hingelangen möchte. Ja, natürlich braucht man auch ein Quäntchen Glück, aber meiner Erfahrung nach erhöht OKR die Wahrscheinlichkeit des Gelingens. Welche Magie dann in einer skalierten Form entstehen kann, wenn auf einmal Teams und ganze Organisationen über OKR gemeinsam auf ihre Vision hinarbeiten, da fangen meine Augen an zu leuchten. »Entstehen kann« – das ist jedoch der springende Punkt.

Ich mag die Freiheit, die OKR als eine Art Open-Source-Ansatz lässt. Ein kompakter Rahmen mit ein paar Prinzipien und Zeremonien. Wie schwer kann das denn einzuführen sein? Wie schwer kann es denn sein, ein paar Ziele aufzuschreiben und mit Anderen abzustimmen? Wie schwer kann es denn sein, der Organisation eine strategische Richtung zu geben? Ich kann die Fragen nicht für dich beantworten. Allerdings wage ich die Vermutung, dass, da du dieses Buch in den Händen hältst, du schon von OKR in der Theorie gehört hast. Vielleicht bist du auch schon gestartet und stehst auf einmal vor unerwarteten Fragestellungen und Herausforderungen. Wie heißt es so schön: »In der Theorie gibt es keinen Unterschied zwischen Theorie und Praxis, aber in der Praxis schon«.

Genau da setzt dieses Buch an. Es ist ein Buch aus der Praxis, vollgepackt mit Beispielen, Hacks und Erfahrungen aus über zwanzig Unternehmen aus Deutschland und der Schweiz. Ich selbst wurde in den vergangenen Jahren immer wieder angesprochen, ob ich meine Erfahrungen mit OKR, insbesondere bei der METRO.digital, teilen möchte. Daraus ist ein Netzwerk an Begeisterten rund um die Themen Strategie, Agilität, Organisationsentwicklung und Veränderungsmanagement entstanden. Ende 2021 fragte ich mich dann: Was, wenn ich all die Fragen rund um »OKR in der Praxis« aufs Papier bringe? Gesagt, getan – einfach mal machen.

Apropos machen: Das ist auch der Kern der sieben folgenden Kapitel.

Im dritten Kapitel »Erfahrbar machen. Wie du die Erfahrungen anderer für dich nutzt« starten wir mit Antworten auf die Frage: Was hättest du rückblickend gerne vorher gewusst? Außerdem geht es um die Erfolgsfaktoren rund um Erwartungsmanagement und Rollenklärung.

Wie du gute Voraussetzungen und damit eine erfolgreiche Absprungbasis für OKR schaffst, schauen wir uns im vierten Kapitel »Sinnhaft machen. Warum ein strategischer Kontext so wichtig ist« an. Von der Strategieentwicklung bis zu Einführungsvarianten – schaffen wir den erfolgreichen Rahmen.

Ans Eingemachte geht es im fünften Kapitel »Konkret machen. Eckpunkte für Klarheit«. Was sind die Tipps rund ums Schreiben von Objectives and Key Results? Wie schaffe ich eine OKR-Architektur, die funktioniert?

Weiter schauen wir uns im sechsten Kapitel die Erfahrungen zum OKR-Planning und -Alignment an und wie interne Coaches und Multiplikatoren unterstützen können. »Transparent machen. OKR macht Wirkungsketten transparent« ist hier das Stichwort.

Im siebten Kapitel »Einfach machen. Jetzt wird geliefert im OKR-Zyklus« geht es um die Erfahrungen in der Umsetzung eines Zyklus. Wie wird tatsächlich an den Zielen gearbeitet? Wie reagiere ich auf Veränderungen und wie räume ich Hindernisse aus dem Weg?

Reflexion ist der Kern des achten Kapitels »Besser machen. So lernen Teams im OKR-Zyklus«, in welchem wir uns mit praktischen Beispielen zum Abschluss des OKR-Zyklus beschäftigen.

Mit »Weiter machen. Wie du OKR für dich weiterentwickelst« (Kapitel 9) blicken wir auf relevante Fragestellungen, die früher oder später mit OKR diskutiert werden. Welchen Einfluss hat OKR auf die (Feedback-) Kultur? Wie viel Anpassung in den Unternehmen sollte sein?

Am Ende hast du hoffentlich nicht nur viele Eindrücke gewonnen, sondern auch Antworten auf diese zentralen Fragen bekommen:

- Wie sieht ein Kontext aus, in dem OKR wachsen kann?
- In welchen Facetten und Farben wird OKR gelebt?

- Was sind wirkungsvolle Workshop-Hacks?
- Wie entsteht Verbundenheit und gemeinsame Ausrichtung durch OKR?
- Welchen Einfluss hat OKR auf die Kultur?

Dieses Buch ist insbesondere für Menschen, die in ihrer Organisation Veränderungen begleiten, diejenigen, die als Agile Coach, Scrum Master oder OKR-Champion sich mit der Methodik beschäftigen, Organisationsentwickler:innen und Unternehmenslenker:innen, die ihre Organisationen zukunfts- und lebensfähig halten, an all diejenigen, die ihre Firmen auf dem Weg zum datengetriebenen Unternehmen begleiten und an all diejenigen, die einfach nur wissen wollen, was hinter dem Rahmenwerk steckt, das so eng mit dem Namen Google verbunden ist.

Vielleicht denkst du jetzt »aber wir sind nicht Google und wir sind auch kein Technologieunternehmen, OKR ist dann wohl nichts für uns«. Dieses Buch wird dich mit Ideen und Praktiken versorgen, wie OKR in deinem Kontext relevant sein kann.

Timo Salzsieder (CEO, METRO.digital) geht gar von folgendem Szenario aus: »Ich glaube, dass OKR tatsächlich sehr breit über diverse Industrien, selbst über sehr traditionelle Industrien hinweg, in die Landschaft hinausgeht.«

An dieser Stelle sei erwähnt, dass die Wurzeln von OKR weit vor Google und anderen Internetgiganten liegen und in die 1950er zurückreichen. Es ist also nicht eine neue Sau, die durch das Dorf getrieben wird, sondern eine kontinuierliche Weiterentwicklung von Führungs- und Steuerungslogiken. Die wichtigsten, historischen Eckdaten zur Einordnung:

- In »The Practice of Management« stellte Peter Drucker (1954) das Konzept von Management by Objectives (MBO) vor.
- Als CEO von Intel baute Andrew »Andy« Grove in den 1970er darauf auf. Er arbeitete heraus, wie wichtig die Rolle der Führungskraft im Prozess ist. In seinem Buch »High Output Management« (1983) beschrieb

er auf wenigen Seiten sein Verständnis von OKR und wie diese bei Intel gelebt werden.
- John Doerr lernte OKR bei Intel kennen und gilt als derjenige, der OKR den Google-Gründern Larry Page und Sergey Brin 1999 näherbrachte. In seinem Buch »Measure what matters« (2018) beschrieb er die Grundprinzipien und teilte Unternehmensbeispiele.

Mittlerweile gibt es viel Literatur, Videos, und Blogartikel zu dem Thema. Neben den bereits genannten, möchte ich insbesondere die Arbeiten von Christina Wodtke in »Radical Focus« (2021), Paul Niven und Ben Lamorte in »Objectives and Key Results: Driving Focus, Alignment, and Engagement with OKRs« (2016) und das Buch »Moving the needle with lean OKRs« (2021) von Bart den Haak hervorheben. Sie alle dienen dem vorliegenden Buch als Fundament und Inspiration gleichermaßen.

Ich bin sehr dankbar für die Offenheit und Begeisterung, die mir auf meiner Gesprächsreise begegnet sind. Daraus entstanden ist dieses Praxishandbuch. Nimm es als Nachschlagewerk, lass dich von Workshop-Hacks inspirieren oder nutze die Erfahrungen aus den beschriebenen Unternehmen für deinen Kontext.

Nun wünsche ich dir viel Freude beim Lesen, Reflektieren und anschließendem Experimentieren in deiner (Unternehmens-)Praxis.

Düsseldorf im Juli 2022

Christina Lange

1.2 Wer sind die Stimmen aus der Praxis?

Der Herzschlag dieses Buches ist der der Praxis. Deshalb habe ich zwischen Januar und April 2022 knapp dreißig Gespräche mit Expert:innen aus Unternehmen in Deutschland und der Schweiz geführt. Diese Unternehmen unterscheiden sich in ihrer Größe (vom Start-up bis zum Konzern) sowie in der Intensität der Erfahrungen mit dem Rahmenwerk OKR. Während einige schon auf mehrere Zyklen zurückblicken, haben andere ihre Reise gerade erst begonnen. Die interviewten Menschen haben ihre persönliche Sichtweise und Erfahrungen mit mir geteilt. An dieser Stelle sei deshalb explizit darauf hingewiesen, dass die dargestellte Sichtweise mitunter von denen ihrer Kolleg:innen oder auch der Unternehmensführung abweichen kann.

Aus den geführten Gesprächen sind sechzehn Steckbriefe entstanden, die zur besseren Einordnung der geschilderten Beispiele dienen sollen. Wann immer Erfahrungen im Verlaufe des Buches genannt werden, sind diese im beschriebenen Kontext zu betrachten. Weitere Interviewpartner:innen findest du in der Danksagung am Ende des Buches.

Die folgenden sechzehn Steckbriefe dienen als Orientierungspunkte auf der Landkarte.

BabyOne Franchise- und Systemzentrale

Anwendungsbereich: Zentralfunktionen

In OKR involviert: Circa 150 Mitarbeitende

Start: Anfang 2021

Länge des Zyklus: Drei Monate

Motivation: Transparenz, Struktur über einen gemeinsamen Takt

Gesprächspartnerin: Judith Altemark, Change Managerin

DB Systel

Anwendungsbereich: Gesamtorganisation (circa 5.500 Mitarbeitende)

In OKR involviert: Je nach Anzahl der Teams, die sich dafür entscheiden

Start: 2016

Länge des Zyklus: Drei Monate

Motivation: Wandel von der klassischen Organisation zum adaptiven Netzwerk. Steuerung der selbstorganisierten, dezentralen Teams ermöglichen.

Gesprächspartner:in: Doris Leinen, Corporate Culture Lead

Thorsten Ziegler, Agility Master Business Solutions Infrastructure

Deutsche Telekom

Anwendungsbereich: Unternehmenskommunikation und teilweise Fachbereiche, mit denen zusammengearbeitet wird

In OKR involviert: Circa 140 Mitarbeitende

Start: 2018

Länge des Zyklus: Erst drei Monate, jetzt vier Monate

Motivation: Transparenz, gemeinsame Ausrichtung, Fokussierung

Gesprächspartnerin: Judith Braun, Senior Expertin Kommunikation

EDAG

Anwendungsbereich: Standort München

In OKR involviert: 200 Mitarbeitende

Start: Anfang 2021

Länge des Zyklus: Drei Monate

Motivation: Transparenz

Gesprächspartner: Stefan Friedrich, Team Leader und Agile Coach

Haufe

Anwendungsbereich: Haufe Talent

In OKR involviert: 250 Mitarbeitende

Start: 2016

Länge des Zyklus: Drei Monate

Motivation: Fokussierung, Transparenz, Verantwortungsübernahme, Kollaboration stärken

Gesprächspartner: Paul Rodoreda, Director of Operations
Martin Entress, Service Owner Go-to-Market

Eurowings

Anwendungsbereich: Eurowings Operations

In OKR involviert: 900 Mitarbeitende

Start: Frühjahr 2021

Länge des Zyklus: Drei Monate

Motivation: Fokussierung

Gesprächspartner: Daniel Schönheim, Senior Director Lean Management, Digitalization und Processes EW

METRO.digital

Anwendungsbereich: METRO.digital und Teilbereiche der METRO Gruppe

In OKR involviert: Circa 1.200 Mitarbeitende

Start: Sommer 2017

Länge des Zyklus: Sechs Monate

Motivation: Fokussierung, datengetriebene Entscheidungen treffen

Gesprächspartner: Timo Salzsieder, Chief Executive Officer und Chief Solution Officer, METRO AG
Zwetomir Karagaschki, Agile Master und OKR-Coach

Media Impact

Anwendungsbereich: Gesamtunternehmen

In OKR involviert: Circa 350 Mitarbeitende

Start: 2019

Länge des Zyklus: Vier Monate (davon ein Monat Planungspause)

Motivation: Fokussierung auf strategische relevante Themen

Gesprächspartnerin: Julia Ries, Senior Project Manager und Agile Coach

OTTO

Anwendungsbereich: Online Marketing, Customer Relationship, Print, Business Intelligence, Marktplatz, Partner, Management, HR

In OKR involviert: Circa 1.200 Mitarbeitende

Start: 2016

Länge des Zyklus: Drei Monate

Motivation: Abstimmung und gemeinsame Ausrichtung verbessern

Gesprächspartner: Sascha Wegner, Agile Coach und Transformation Consultant

Pentacor

Anwendungsbereich: Gesamtunternehmen

In OKR involviert: Circa 30 Mitarbeitende

Start: Anfang 2020

Länge des Zyklus: Vier Monate (davon ein Monat Planungspause)

Motivation: Fokussierung und Motivation für selbstorganisierte Teams im wachsenden Unternehmen

Gesprächspartnerin: Christina Lerch, Organisationsentwicklung

SAP

Anwendungsbereich: SAP S/4HANA und weitere Teams in der SAP

In OKR involviert: Circa 1.700 Mitarbeitende (SAP S/4HANA)

Start: April 2019

Länge des Zyklus: Vier Monate

Motivation: Klarheit über Prioritäten schaffen, Operationalisierung der Strategie

Gesprächspartnerinnen: Lin Liu, Organizational Development
Stefanie Junghans, Head of Organizational Development

StackFuel

Anwendungsbereich: Gesamtunternehmen

In OKR involviert: 50 Mitarbeitende

Start: Viertes Quartal 2021

Länge des Zyklus: Sechs Wochen

Motivation: Bevor Wachstumsschmerzen im Start-up entstehen, der Organisation einen Rahmen geben

Gesprächspartner:in: Isabel Sum, Senior Enterprise Account Executive,
Ginesh Koottakara, Head of Sales

StepStone

Anwendungsbereich: Portfolio »Data as a Service«

In OKR involviert: Circa 50 Mitarbeitende

Start: 2021

Länge des Zyklus: Drei Monate

Motivation: Strategische Themen vorantreiben, um schneller auf Marktveränderung zu reagieren

Gesprächspartner: Denis Liggeri, Product Manager Search and Match

SwissCommerce Group

Anwendungsbereich: Gesamtunternehmen

In OKR involviert: Circa 200 Mitarbeitende

Start: 2017

Länge des Zyklus: Drei Monate

Motivation: Gemeinsame Ausrichtung der Organisation insbesondere durch Zukäufe

Gesprächspartner: Alexander Trampisch. HR und Business Development E-Commerce

TESVOLT

Anwendungsbereich: Gesamtunternehmen bis auf wenige Ausnahmen in der Produktion, Facility Management

In OKR involviert: 90 Prozent der circa 120 Mitarbeitenden

Start: 1. Februar 2021

Länge des Zyklus: Drei bis vier Monate

Motivation: Operationalisierung der Strategie

Gesprächspartner: Tjorven Niels Graßnick, Agility und Organization Expert

Viessmann

Anwendungsbereich: Gesamtunternehmen

In OKR involviert: Circa 60 Prozent (Anteil white collar der Viessmann Group global)

Start: 2017

Länge des Zyklus: Objectives (jährlich), Key Results (Quartalsweise)

Motivation: Crossfunktionales Arbeiten fördern; auf ein gemeinsames Ziel hinarbeiten

Gesprächspartnerin: Franke von Polier, Chief People Officer

1.3 Die digitale Playbox

Getreu dem Motto »sharing is caring« steht dir ein Set an Vorlagen sowie die vorgestellten Workshopabläufe zum Download in der digitalen Playbox zur Verfügung. So kommst du schnell ins Machen und kannst das Gelernte sogleich in deiner Praxis umsetzen:

www.businessvillage.de/1134-dl.html

Vorlagen:

- Big Picture Canvas
- Concept Card
- Experiment Canvas
- Check-in
- Retrospective
- Checkliste: OKR-Software

Workshopabläufe:

- Big Picture
- Planning
- Alignment
- Review
- Retrospective

2 Auf einen Blick: Was ist OKR und welche Begriffe solltest du kennen?

Für OKR gibt es kein offizielles Regelwerk. Es ist eher eine große Open-Source-Initiative, die vor über siebzig Jahren begann und stetig weiterentwickelt wird. Deshalb liegt es mir fern, hier mit den beschriebenen Prinzipien, Artefakten und Events in diesem Kapitel etwas in Stein zu meißeln. Es geht vielmehr darum, eine gemeinsame Terminologie zu schaffen, die uns bei der Exploration der Beispiele im weiteren Verlauf des Buches helfen soll. Fangen wir mit der Definition an:

Was ist OKR? */ OKR ist ein agiles Betriebssystem, das Teams und Organisation einen Rahmen gibt, um sich in volatilen Zeiten mithilfe von transparenten und fokussierten Zielen in eine gemeinsame Richtung zu bewegen.*

Damit geht es bei OKR also nicht um die reine Methodik zum Setzen von Zielen, sondern um eine Veränderung der Haltung und Denkweise. Dazu passt auch die folgende Definition von Paul Niven und Ben Lamorte (2016): »OKR is a critical thinking framework and ongoing discipline that seeks to ensure employees work together, focusing their efforts to make measurable contributions that drive the company forward.«

Der Nutzen von OKR lässt sich auf fünf wesentliche Faktoren reduzieren:

- Fokussierung der Organisation auf die strategische Ausrichtung,
- Disziplin der Umsetzung der Strategie erzeugen,
- Verbesserung der crossfunktionalen Zusammenarbeit,
- Transparenz des messbaren Fortschritts,
- Verkürzung der Lernschleifen und dadurch Möglichkeit angepasst auf Veränderungen reagieren zu können.

Dabei ist die Grundidee, dass die Art und Weise wie wir Ziele definieren und miteinander abstimmen, kein einmaliges Ereignis ist, sondern ein kontinuierlicher Prozess. In der Theorie heißt das, dass Teams, Bereiche und die Geschäftsführung quartalsweise zusammen ihre Ziele an der Strategie ausrichten. Dazu definieren sie in der Regel drei bis fünf OKR-Sets für ihre jeweilige Einheit. Ein Set besteht aus einem Objective, das heißt einem

Ziel mit circa drei bis fünf Key Results. Letztere sind die messbaren Hebel, die die Wahrscheinlichkeit erhöhen, dass das gesteckte Ziel in drei Monaten erreicht ist. Die Pfeiler des Prozesses sind eine Reihe von Events, die helfen, in eine Disziplin des Planens und Umsetzens zu gelangen. Die Ausrichtung entsteht durch ein ausbalanciertes Verhältnis von Top-down- zu Bottom-up-Zielen.

OKR, als agiles Betriebssystem betrachtet, ist kein Mitarbeitenden-Kontrollsystem, sondern dient dem Lernen und Erkunden von unbekannten Welten. Damit liegt ein Menschenbild zugrunde, dass auf die kontinuierliche Weiterentwicklung setzt und eine Fehlerkultur ernst meint. Eine Verknüpfung von OKR und (individuellen) Bonussystemen ist deshalb kontraproduktiv.

Mit OKR geht auch eine eigene Sprache einher. Die wichtigsten Begrifflichkeiten, die dir begegnen werden und die du einfach kennen solltest, erkläre ich daher hier schon einmal in Kurzform:

Alignment */ Abstimmung und Ausrichtung der entworfenen OKR-Sets mit anderen Teams und gemeinsames Einschwören auf den kommenden Zyklus.*

Check-in */ Regelmäßiges Prüfen der OKR-Sets und Anpassungen der Maßnahmen während des Zyklus.*

Drafting */ Schreiben und Erstellen von OKR-Sets.*

Grading */ Bewertung der Zielerreichung am Ende des Zyklus.*

Key Results */ Messbarer Hebel und Erfolgstreiber.*

MOALS */ Steht für Midterm Goals und bezeichnen mittelfristige Ziele (ein bis zwei Jahre).*

Objective */ Ziel beschrieben als Zukunftszustand.*

OKR-Champion / *Person im Unternehmen, die den OKR-Prozess treibt, meist auch die Person mit dem fundiertesten Wissensschatz.*

OKR-Coaches / *Interne Multiplikatoren, die den OKR-Prozess durch Wissensvermittlung und Steuerung unterstützen.*

OKR-Set / *Ein Objective mit circa drei bis fünf Key Results.*

Outcome / *Ergebnisse, die durch das Verhalten von Menschen auf Geschäftszahlen einwirken (ein Produkt, das genutzt und für das gezahlt wird).*

Output / *Ergebnisse, Ausschuss einer Tätigkeit, einer Person (beispielsweise ein fertiges Produkt aus einer Maschine).*

Planning / *Entwerfen der OKR-Sets und nach Bedarf Anpassung dieser auf Basis des Feedbacks aus dem Alignment.*

Retrospective / *Abschluss des Zyklus und Reflexion auf der Zusammenarbeitsebene.*

Review / *Abschluss des Zyklus und Reflexion auf der Ergebnisebene.*

Zyklus / *Dauer des Prozesses von Anfang bis Ende, auch Iteration genannt.*

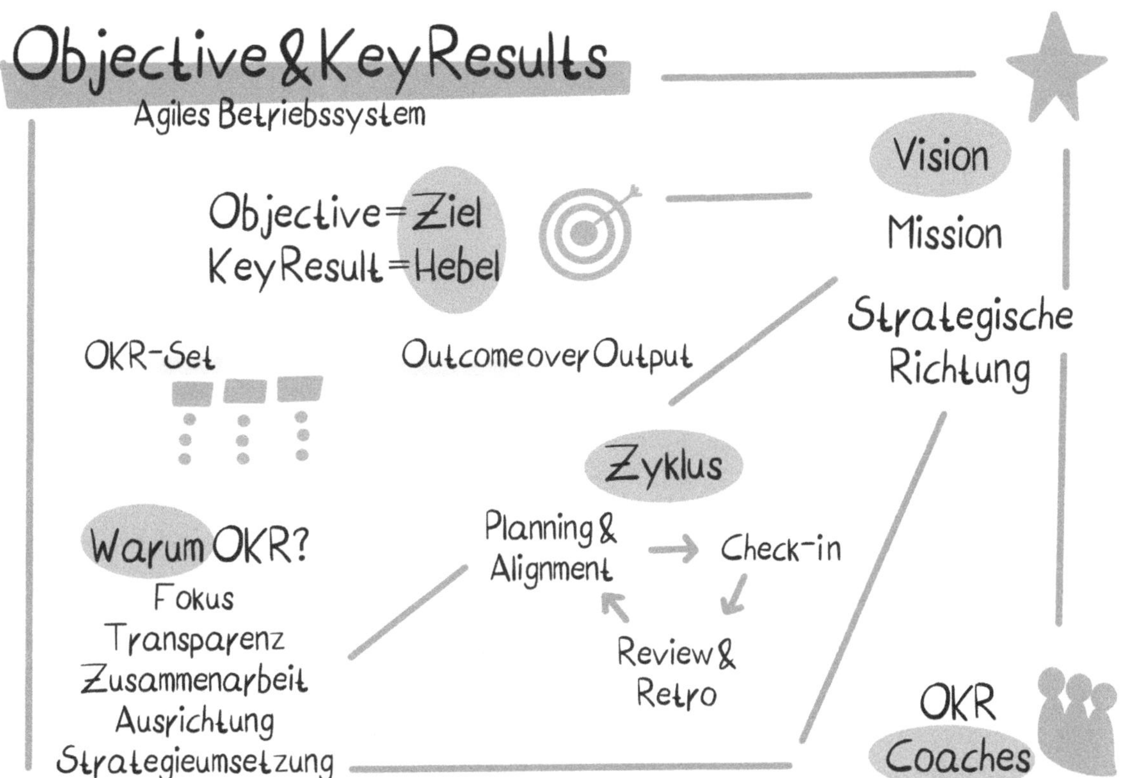
Objective & Key Results
Agiles Betriebssystem
Objective = Ziel
Key Result = Hebel
OKR-Set
Outcome over Output
Vision
Mission
Strategische Richtung
Zyklus
Planning & Alignment
Check-in
Review & Retro
Warum OKR?
Fokus
Transparenz
Zusammenarbeit
Ausrichtung
Strategieumsetzung
OKR Coaches

Erfahrbar machen: Wie du die Erfahrungen anderer für dich nutzt

»The heart of success is learning.«

Christina Wodtke, Autorin

Stell dir vor, es gäbe eine Zeitmaschine, die dir ermöglicht, in die Zukunft zu springen und die dir einen ganzen Haufen von Erfahrung verschafft, ohne dass du sie selbst machen musst. Der Anspruch dieses ersten Teils des Buches ist, dich auf einige Stolpersteine aufmerksam zu machen, die bei der Implementierung von OKR auftreten können. Im folgenden Kapitel starten wir mit einer Reflexion und der Frage, was die Interviewten rückblickend gerne vor einer OKR-Einführung gewusst hätten. Dabei gehen wir insbesondere auf das Thema Erwartungsmanagement und die Interaktion mit den Schlüsselpersonen ein. Die Erfahrungen aus der Praxis sollen dir dabei helfen, deine Antennen für die Faktoren zu schärfen, die deinen Unternehmenskontext beeinflussen. Denn egal ob du schon erste Erfahrung mit OKR gesammelt hast oder ganz frisch startest: Die vorgestellten Aspekte treten höchstwahrscheinlich früher oder später auch in deiner Organisation auf. Dieses Kapitel und im Besonderen die abschließende »Checkliste für erfolgreiches Scheitern« bereiten dich darauf vor.

In medias res – stürzen wir uns auf und lernen wir gemeinsam aus dem Erfahrungsschatz der Praktiker:innen. Falls für dich OKR komplett neu ist: Wir springen nun gemeinsam ins kalte Nass und im Laufe des Buches wirst du verstehen, warum die beschriebenen Faktoren so wichtig sind.

3.1 Was ich gerne vorher gewusst hätte

»Hinterher ist man immer schlauer«, heißt es im Volksmund und da ist mit Sicherheit auch etwas dran. In den Interviews stellte ich deshalb stets die Frage, welche drei Dinge meine Gesprächspartner:innen gerne vor und während der Einführung von OKR gewusst hätten. Dabei kristallisierten sich drei Felder heraus: Erwartungsmanagement, Klarheit in der Kommunikation und die unternehmensspezifische Interpretation von OKR.

Es dauert länger, als erwartet

In der Regel dauert eine erfolgreiche OKR-Einführung in Unternehmen zwischen ein bis zwei Jahren. Dabei gilt als Faustregel: Je kleiner, desto schneller. »Es braucht Zeit und dauert mit Sicherheit ein Jahr, bis es läuft.« ist sich Judith Altemark (BabyOne) sicher. Damit einher geht auch ein adäquates Erwartungsmanagement: »Es war gut, dass ich den Führungskräften von Anfang an gesagt habe, dass es holprig wird.« (Judith Braun, Deutsche Telekom).

Die Erwartungsmatrix

In der Praxis hat sich für mich bewährt, die Erwartungen in einer Matrix transparent zu machen, zum Beispiel auf einem (digitalen) Whiteboard. Hier erarbeitet im Idealfall das Führungsteam die an und mit OKR verbundenen Erwartungen (siehe Beispiel in der Tabelle unten).

Die Erwartungen werden geteilt und diskutiert. Abschließend wird das Ergebnis in Form einer Hypothese formuliert, wie beispielsweise: »Wir glauben, dass wir es mithilfe von OKR im kommenden Jahr schaffen, eine bessere Fokussierung in der Organisation hinzubekommen.« Diese dient als Kompass in der OKR-Implementierung.

Das erwarte ich von OKR	Menschen	Prozess	Ergebnis
Miriam	Mitarbeitende einigen sich auf wenige, aber bessere Ziele	Die Zahnräder greifen ineinander	Unsere Kund:innen spüren einen Effekt
Peter	Crossfunktionale Zusammenarbeit stärken	Klare Umsetzungsverantwortung	Die Mitarbeitenden setzen die Strategie um
Kim	Mehr Transparenz für alle, um Doppelarbeit zu vermeiden	Strukturiertes Angehen von Fokusthemen	Wir gehen endlich unsere Zukunftsthemen an

Hack: Erwartungsmatrix 2.0 / *Die Erwartungsmatrix ist ein universelles Werkzeug und lässt sich an die unterschiedlichsten Situationen anpassen. Beispielsweise kannst du die Kategorien Menschen, Prozess, Ergebnis durch konkrete Personen in deinem Führungsteam wie Miriam, Peter, Kim ersetzen. Mit einem solchen Vorgehen kannst du sehr konkret die Erwartungen der Mitglieder:innen eines Führungsteams hinsichtlich der Zusammenarbeit durch OKR erarbeiten.*

Wenn die Suchmaschinen heiß laufen

Wo Zeit auf der Strecke bleiben kann, ist bei der Kommunikation, insbesondere bei der Einführung von OKRs. Dazu zählt in jedem Fall die Antizipation der Widerstände der Mitarbeitenden und einer ist dabei sehr offensichtlich. Christina Lerch (pentacor) beschreibt die Reaktion der Belegschaft sehr anschaulich: »Noch eine coole Methode aus dem Silicon Valley? Das brachte erst mal Augenrollen. Das mussten wir sauber erklären und das »Warum« herausarbeiten. Was wir uns vor allem von OKR versprachen, war, bestimmte Dinge nicht zu tun,

	An Miriam	**An Peter**	**An Kim**
Von Miriam	–	Klare und regelmäßige Kommunikation der strategischen Richtungen	Einhalten der Versprechen, zum Beispiel Teilnahme am Check-in
Von Peter	Offenes Ohr für die Teams bei Fragen	–	Transparent machen, wenn es zu Problemen kommt
Von Kim	Uns auf die Füße treten, wenn wir den Kundenfokus verlieren.	Unterstützung beim Überwinden von Hindernissen.	–

also ein besserer Fokus und auch mal ein klares Nein zu einer Idee.«

Sobald die drei Buchstaben OKR im Unternehmenskontext gelandet sind, sollten wir nicht die Eigeninitiative der Mitarbeitenden unterschätzen. Da laufen die Suchmaschinen heiß und fix sind Interpretationen eines möglichen (Un-)Nutzens im Raum. Unter Umständen sind Zweifel, Ängste und Widerstände da, mit denen es sich auseinanderzusetzen gilt. Das 1×1 der Change-Kommunikation ist kein Garant, allerdings für mich ein Wahrscheinlichkeitserhöher, sodass OKR auf fruchtbaren Boden trifft.

Meine sieben Schritte lauten hierbei:

1. Menschen im Hier und Jetzt zuhören und ihre Probleme und Widerstände wahrnehmen
2. Kernbotschaften und gemeinsame Sprache entwickeln
3. Diese mit der Zielgruppe validieren
4. Kommunikationsplan aufsetzen
5. Diesen Schrittweise umsetzen
6. Und die Wirkung messen
7. Anpassungen vornehmen und meist wieder mit Punkt 1 starten

Rückblickend berichteten mir viele Praktiker:innen, wie wichtig es ist, den Nutzen von OKR klar herauszuarbeiten, da dieser auch von Unternehmen zu Unternehmen unterschiedlich ist. Dieser muss anschlussfähig an die Lebenswelt der Mitarbeitenden sein. Dies kann durch einfaches Brainstorming geschehen, rund um die Frage: Was wollen mit OKR erreichen? Ich habe auch gute Erfahrungen gemacht mit folgender Gegenüberstellung von Weg-von- zu Hin-zu-Botschaften.

Dimension	Weg von ...	Hin zu ...
Unklare Ausrichtung	operativer Hektik	echter Fokussierung
[Dimension 2]		
[Dimension 3]		

Widerstände können nicht nur durch schwammige Kernbotschaften befeuert werden. Eine Veränderung der Arbeitsweise geht in der Regel mit dem Erlernen neuer Routinen einher. Tjorven Niels Graßnick (TESVOLT) beschreibt, dass es Widerstände hinsichtlich des gemeinsamen OKR-Verständnisses gab. Widerstände wie »Ist das jetzt top-down und heißt nur anders?« galt es, aufzulösen. Weiter beschreibt er: »Es musste viel Energie reingesteckt werden, das System verständlich zu erklären. Hier haben wir die Agile Coaches als Lernbegleiter genutzt, da die OKR-Coaches noch nebenbei Tagesgeschäft leisten und nicht jeden Tag bei den Fragestellungen im jeweiligen Team zugegen sind.«

Nicht noch eine Methodendiskussion

Bei OKR tritt vermehrt das Phänomen der Methodendiskussion auf. Das äußert sich durch ein genaues Verstehen und Umsetzen wollen. Sascha Wegner von OTTO hält dazu rückblickend fest: »Wenn die Leute Bock haben und das ist bei otto.de der Fall, dann legen sie los und wollen es gut machen. Dann wird gegoogelt und mit verschiedenen Menschen gesprochen. Dann kennt einer jemanden bei Google, der andere spricht mit Berater X und nochmal jemand hat was in einem Blog Y gelesen. Dann streiten die Multiplikatoren, wer jetzt recht hat. Das ist nicht hilfreich. Im Nachhinein hätten wir das anders steuern können. Heute würde ich sagen: Ja, ich weiß, es gibt unterschiedlichen Perspektiven und wir haben uns für den Start für diese Architektur entschieden.«

Was hilft, ist, sich auf eine gemeinsame Sprache zu einigen, indem beispielsweise ein gemeinsames Vokabular erarbeitet und geteilt wird. Gerade beim Erlernen von neuen Routinen ermöglicht dies einen sicheren Referenzrahmen auf den sich Teams als auch OKR-Coaches beziehen können. Diese Erfahrung teilt auch Paul Rodoreda (Haufe Talent). Bereits 2016 seien die ersten Teams bei Haufe mit dem Thema OKR in Berührung gekommen. Über die Jahre haben sich da verschiedene Sichtweisen und Interpretationen zu OKR herausgebildet, sodass es notwendig schien, eine Art Glossar zu definieren. Dieses »Jede-Person-weiß-ein-bisschen-was-Phänomen« führte zu verschiedenen OKR-Schulen und Wissensständen innerhalb von Haufe Talent. Weiter erzählt er: »Wir mussten uns Anfang 2021 einmal gemeinsam neu trainieren und unsere Definitionen finden. Was sind für uns ambitionierte Ziele? Was verstehen wir unter guten OKRs? Welche Disziplin erwarten wir von unseren Teams? Daraus ist schließlich auch OKR by Haufe Talent entstanden. Das ist unser Rahmen, an dem wir uns ausrichten.« (Paul Rodoreda, Haufe Talent)

Sascha Wegner (OTTO) beschreibt, dass er mittlerweile bewusst von einem integrierten Zielsystem (OKR) spricht. Dadurch solle der Fokus auf das gelegt werden, was ihm in seinem Kontext wichtig ist und nicht etwa auf die Methodik an sich. Es bestünde einfach ein Risiko, dass es als »OKR by the book« interpretiert würde und dann wäre wieder die Frage, welches Buch denn eigentlich. Das führe mehr zur Verwirrung als zur Klarheit.

Hack: Glossar / *Erstelle eine für alle zugängliche Seite im Intranet mit einem Glossar zu OKR. Falls du selbst nicht den OKR-Prozess steuerst, setze dich mit dem OKR-Champion zusammen und macht es gemeinsam.*

3.2 Die Hauptrollen on stage

In der Auseinandersetzung über Erwartungen, Kommunikation und wie die Methode gelebt wird, ist es hilfreich, sich auch über die Schlüsselpersonen Gedanken zu machen. Auf den folgenden Seiten werden wir einen Blick auf die wichtigsten Akteure im Rampenlicht werfen. Dazu zählen eine echte Sponsor:in, Führungskräfte, die Teams und je nach Unternehmenskontext verschiedene Stakeholder und ein OKR-Champion. Auf dessen Rollenprofil und Verantwortlichkeiten werde ich im vierten Kapitel genauer eingehen und erläutern, warum ich den OKR-Champion seltener auf der Bühne sehen möchte.

***Hack: Stakeholder Mindmap** / Wenn du dich jetzt fragst, wer bei dir im Unternehmen die Protagonisten sind, empfehle ich dir, diese in einer übersichtlichen Mindmap zu sammeln.*

Sponsorship

OKR braucht einen echten Sponsor in der Organisation und das am besten auf der Geschäftsführungsebene. Das klingt jetzt vielleicht nach einem Allgemeinplatz und dennoch kann ich nicht oft genug darauf hinweisen, dass es insbesondere um das Wort »echt« geht. Damit sind mir vor allem zwei Facetten wichtig: Erstens wird OKR vorgelebt mit allem, was dazu gehört, wie beispielsweise eigene OKR-Sets zu schreiben und zweitens wird die Umgebung geschaffen, in der eine Feedback- und Mut-Kultur entstehen kann.

Zum Thema Vorleben sind mir in meinen Interviews viele Beispiele genannt worden. Judith Altemark (BabyOne) beschreibt begeistert, wie die Co-CEOs von Anfang an und auch bei allen Höhen und Tiefen dahinterstanden. Dies bedeutet: Es werden OKR-Sets definiert, es werden die Events, insbesondere der Check-in während des laufenden Zyklus regelmäßig durchgeführt und es wird sich an die definierten Spielregeln gehalten. Hat sich zum Beispiel eine Organisation dazu entschieden, über OKR stärker zu fokussieren, so gilt das selbstredend auch für die Geschäftsführung. Timo Salzsieder (METRO.digital) hält hierzu fest: »Ich bin der Meinung, ein OKR-Prozess funktioniert extrem gut top-down. Nicht im Bezug von Ansagen machen, sondern indem du das Thema vorlebst. Dann hat das einen Abstrahleffekt und deshalb ist es mir so wichtig, dass meine Board-Kollegen mitziehen.«

Zweitens sollte eine Führungskraft die bestmögliche Umgebung schaffen. Martin Entress (Haufe Talent) erinnert sich da an eine Veranstaltung mit allen Mitarbeitenden: »Das war goldwert, dass unser CEO Axel sich auf die Bühne gestellt hat und gesagt hat, dass es weniger darum geht, Zielen hinterherzujagen, sondern darum, was wir dabei lernen und vor allem lernen, wie wir uns besser fokussieren.«

Es geht also um die klaren Botschaften, die ein:e Sponsor:in senden kann und sollte. Dabei ist nicht nur der Erfolg wichtig, sondern auch, wie mit Misserfolgen umgegangen wird. Dazu zählt insbesondere das beobachtbare Verhalten, das ein:e Sponsor:in an den Tag legt – die Wortwahl, der Tonus, die Gesten.

Nun gibt es auch einige Beispiele, in denen OKR aus der Organisation, meist aus agilen Teams kommend, gewachsen ist. Da ist zum Beispiel bei EDAG, DB Systel oder OTTO der Fall. Freilich kann auch hier eine OKR-Implementierung funktionieren. Es besteht jedoch ein Risiko, dass OKR als nur eine agile Methode von vielen wahrgenommen und als optional angesehen wird. Ferner ist dann ein Auge darauf zu werfen, dass dies die Führungsteams auch für sich verinnerlichen. Sascha Wegner (OTTO) hält rückblickend fest: »Es ist so wichtig, dass das Management weiß, worum es geht und was es will. Bei uns war und ist OKR ein Bottom-up-Thema und da gab es rückblickend einen Moment, wo ich den Satz zu hören bekam: »Ja, klingt gut. Dann führe das doch mal ein.« Das hat mich Erklärungsarbeit gekostet, um klarzumachen, »das ist euer Führungsinstrument und damit auch eure Verantwortung.«

Führungskräfte

Für Führungskräfte gilt gleichermaßen das Verhaltensset wie beim Sponsorship: Vorleben und eine adäquate Umgebung schaffen. Dennoch, wie bei vielen anderen Veränderungsthemen auch, kommt dem Mittelmanagement eine spezielle Rolle zu. Sie sind Übersetzer:innen. Judith Braun (Deutsche Telekom) stellt das auch noch einmal heraus: »Du brauchst Führungskräfte, die dahinterstehen und ihre Verantwortung aktiv wahrnehmen und die stetige Weiterentwicklung des Mehrwerts fördern. Es ist bisschen, wie regelmäßig Sport machen: Du musst das durchziehen, sodass das Gute zur Gewohnheit wird.«

Übersetzungsarbeit kann in verschiedenen Dimensionen notwendig sein. Verstehen die Teammitglieder die strategische Ausrichtung? Erkennen sie den Nutzen des

OKR-Prozesses für ihren konkreten Fall im Team? Verstehen sie, warum es wichtig ist, ihre Ziele gegebenenfalls zusammen mit anderen Bereichen anzugehen? In der Praxis empfehle ich, diese Fragen immer wieder mit den Führungskräften zu thematisieren, zum Beispiel in dezidierten OKR-Coaching-Sessions. Das ist auch eine gute Gelegenheit, mit der jeweiligen Führungskraft über deren Verantwortung im OKR-Prozess zu sprechen. Eine der größten Fallen, in die ein OKR-Coach tappen kann, ist, eben genau diese Fragen für die Führungskraft zu beantworten. Mitunter übernimmt ein Coach dann die Aufgabe der Führungskraft. Diese Erfahrung teilt auch Julia Ries (Media Impact): »Wenn die OKR-Champions zu aktiv reingehen, dann füllen sie den Raum, den die Führungskräfte einnehmen müssten. Und dann ist man in einem Kreislauf, aus dem man nur rauskommt, wenn man es schafft, die Führungskraft zu überzeugen.«

Die Frage ist nun, wie diese Überzeugung stattfinden kann. Dazu ein paar Anregungen zum Ausprobieren:

- Mit der Führungskraft den persönlichen Nutzen von OKR sammeln. (»What's in it for me?«)
- Mit der Führungskraft die Fragen in einem 1:1 thematisieren und gemeinsame Antworten erarbeiten, die dann die Führungskraft an die Teams kommuniziert.
- Die Führungskraft befähigen, die tangierenden oder umliegenden OKR-Sets transparent zu machen (siehe Hack: Lernfragen).

Zusammenfassend würde ich mir wünschen, dass Führungskräfte viel sichtbarer im OKR-Prozess werden. Sie sind keine Statisten, sondern stehen zusammen mit ihrem Team auf der Bühne.

Hack: Lernfragen / *Gerne gebe ich Führungskräften in Coachings sogenannte Lernfragen an die Hand. Durch diese wird der Fokus auf bestimmte Explorationsfelder gerichtet, beispielsweise wenn eine Führungskraft an* *ihrer Vorbildfunktion zu OKR arbeiten möchte. Dazu wird eine Frage formuliert wie »Was könnte ich an meinem OKR-Set verbessern?« Der OKR-Coach wird dann diese Frage mit einem Meinungsquerschnitt aus drei bis fünf Personen besprechen und so der Führungskraft Feedback geben.*

Teams

In den Teams entsteht die eigentliche Wertschöpfung. Sie sind der Maschinenraum und die Quelle für Innovation und Verbesserung. Die Reihe an Fachbüchern zur Teamentwicklung lässt die Regale einiger Bibliotheken knarzen. Deshalb beschränke ich mich hier auf zwei für unseren Kontext relevante Dimensionen.

1. Was heißt Team im OKR-Prozess?

In meinen Gesprächen sind mir zwei Varianten begegnet, die gegensätzlicher kaum sein könnten, wenn es darum geht, die gesetzten Ziele für die Iteration umzusetzen. Die eine befähigt die Teams aus dem Maschinenraum heraus zu Verbesserungen. Das bedeutet, sie docken an OKRs aus ihren Bereichen oder den Ressorts an, haben aber auch die Möglichkeit, eigenständige Team-OKR-Sets zu entwickeln, zum Beispiel, wenn sie glauben, dass sie dadurch eine wesentliche Innovation im kommenden Zyklus voranbringen könnten (zum Beispiel in der IT die Code-Qualität, Automatisierung eines Standardprozesses). Der Vorteil hierbei ist, dass das Team im besten Fall schon gut zusammenarbeitet, Expert:innen ihrer Themen sind und sich nicht groß in eine Thematik einarbeiten müssen. Der Nachteil: Vielleicht sieht das Team nicht die Notwendigkeit, an einem bestimmten strategischen Thema zu arbeiten und priorisiert dies weg. Das kann insbesondere dann zum Risiko werden, wenn bestimmte übergreifende Themen angegangen werden müssen. Hier setzt genau die zweite Variante an. Für die definierten OKR-Sets werden dann die Teams für den jeweiligen Zyklus zusammengestellt, quasi nach dem Task-Force-Prinzip. Dies eignet sich insbesondere dann, wenn einem Thema spezielle Beachtung geschenkt werden soll. Ebenso können gezielt die benötigten Fähigkeiten zur Umsetzung der Ziele in die Teams gezogen werden.

Dies stellt mitunter auch ein großes Risiko der ersten vorgestellten Variante dar. Auf der anderen Seite gilt es, eine gewisse Anlaufzeit mit einzupreisen, da Teams sich mitunter erst einspielen müssen.

Eine weitere Dimension wird bei DB Systel gelebt, da dort OKR als eine von mehreren Möglichkeiten angeboten wird. Doris Leinen (DB Systel) beschreibt in diesem Zusammenhang, dass es bei ihnen darum geht, wie Teams die Verantwortung leben. Das bedeute, dass Teams eigenständig ihre Steuerungsmethode wählen.

Keine der dargestellten Varianten ist besser oder schlechter, da sie letztlich abhängig vom jeweiligen Unternehmenskontext sind. In Kapitel 6 werden wir dieses Thema noch einmal aufgreifen, wenn es um die Ressourcenplanung für den OKR-Zyklus geht.

2. Wie können wir die Teamgesundheit mitdenken?

»OKR ist ein Spiegel für die Teamgesundheit. Deshalb stellen wir uns auch die Frage, zum Beispiel in den OKR-Workshops: Was sagt uns das über uns als Team aus?« (Lin Liu, SAP)

Das Team als Nukleus der Wertschöpfung rückt in meiner Wahrnehmung in den vergangenen Jahren immer stärker in den Vordergrund, wie beispielsweise Studien zu High-performing-Teams oder Initiativen zur Teamgesundheit. Das Projekt »Aristoteles« von Google oder die Forschung von Amy Edmondson über »Psychologische Sicherheit« weisen auf Einflussfaktoren hinsichtlich der Teamgesundheit eines Teams hin. Die Events der Planung und Zusammenarbeit aus OKR machen deutlich, wie gut Teams bereits zusammenarbeiten. Eben deshalb macht es Sinn, die Teamgesundheit immer auch mit auf dem Radar zu haben. Beispielsweise kann es durch die Fokussierung und Priorisierung von Themen dazu kommen, dass einzelne Mitarbeitende vermehrt und andere weniger sichtbar werden. Stefanie Junghans (SAP) berichtet dazu: »Das ist aber auch ok so, da OKR nicht alles im Tagesgeschäft abbilden sollen, sondern die strategisch wichtigen Themen für das Team. Wichtig ist es, das im Blick zu haben. Und im nächsten Zyklus kann es dann auch wieder ganz anders ausschauen.«

Insbesondere Workshops wie Planning, Alignment oder auch die Retrospective bieten gute Beobachtungsmöglichkeiten und die Chance, Datenpunkte zu sammeln. Hier kann es hilfreich sein, den Moderator:innen der Workshops Beobachtungsleitfäden an die Hand zu geben. Die aggregierten Ergebnisse können anschließend mit den Führungskräften aus dem jeweiligen Bereich beziehungsweise einer im Unternehmen existierenden OKR-Community diskutiert werden.

Die nachfolgenden Beobachtungselemente kannst du beispielsweise in einem übergreifenden Workshop reflektieren:

- Wie engagiert sind die Mitarbeitenden?
- Wie groß ist die Bereitschaft, sich in die Ziele anderer hineinzudenken?
- Wie sehr bin ich als Person der Meinung, dass diese Ziele mich betreffen?
- Welcher Führungsstil ist hier gegebenenfalls zu erkennen?
- Wie sprechen die Teams beziehungsweise Teammitglieder übereinander?

In vielen agilen Teams ist der Team-Health-Check verbreitet. Dazu wird kontinuierlich, zum Beispiel zu Beginn einer Retrospective auf einer Skala von 0 (sehr unglücklich) bis 5 (sehr glücklich) ein Stimmungsbild der Teammitglieder eingeholt. Diese Methode geht sehr schnell und bietet einen guten Einstieg in vertiefte Diskussionen.

Hack: Team [Dein Thema] Check / *Diese Methode lässt sich vielseitig anpassen. Je nachdem, wo der Schuh drückt, kann eine Stimmung zu einem Thema eingeholt werden, beispielsweise Zufriedenheit, Wirkung, Sicherheit.*

Stakeholder

Gründer:innen, Aufsichtsrät:innen, Vorstandsetagen, Schwesterfirmen, Konzernmutter, interne Leistungsempfangende und – erbringende, Zuliefer:innen und natürlich die Mitbestimmung, sprich der Betriebsrat, die Liste möglicher Menschen und Interessensgruppen kann ganz schön lange werden. Deine Stakeholder Mindmap zu Beginn des Kapitels hat dir hoffentlich schon einen ersten Eindruck verschafft, wen du hier auf dem Radar haben solltest. Insbesondere Betriebsräte können hellhörig beim Thema OKR werden. Hat der Betriebsrat die Sorge, dass OKR zu einem Instrument der Leistungs- und Verhaltenskontrolle wird, kann dies die Verankerung des Rahmenwerks in der Organisation erschweren. Daniel Schönheim (Eurowings) weist auf diesen Aspekt deutlich hin: »Die Vorabarbeit ist erfolgsentscheidend. Dazu gehört, den Betriebsrat von Beginn an einzubinden – diese Investition sollte nicht unterschätzt werden. Gleichzeitig sollte es aber auch kein Showstopper sein.«

Eine klare Botschaft der Geschäftsführung zusammen mit HR sollte meines Erachtens sein: Wir messen, um zu lernen und nicht, um zu kontrollieren. Ferner sehe ich auch großes Potenzial, insbesondere Multiplikator:innen aus den Reihen der Mitbestimmung gezielt einzubinden. So erleben diese, was es heißt, gemeinsam Ziele zu setzen und daraus zu lernen. »Erleben lassen statt erklären« ist hier meine Devise.

OKR-Champion

Zu Beginn des Kapitels habe ich schon angedeutet, wie meine Interpretation der Rolle des OKR-Champions im Sinne eines ganzheitlichen Transformationsansatzes lautet. Wann immer möglich, sollte der OKR-Champion aus der Rolle des Regieführenden wirksam werden und weniger selbst im Rampenlicht stehen. Schlussendlich geht es um Skin in the Game und das sollten insbesondere die Führungskräfte und die Teams auf der Bühne spüren. Die Verantwortlichkeiten des OKR-Champions werden wir en détail in Kapitel 4 betrachten.

Zusammenfassend lässt sich festhalten, dass eine Auseinandersetzung mit den relevanten Schlüsselpersonen und deren Einfluss bereits in der Anfangsphase sehr hilfreich ist. Unterschiedliche Menschen verfolgen in Organisationen so gut wie immer unterschiedliche Ziele. Mit und durch OKR stehen damit alle Beteiligten durch die veränderte Steuerungslogik vor neuen Herausforderungen.

3.3 Erfolgreiches scheitern

Neben der Reflexion der Schlüsselpersonen ist ein weiterer wirksamer Ansatz, sich mit der Frage auseinanderzusetzen, wie ein mögliches Worst-Case-Szenario im Rahmen von OKR aussehen könnte. Nicht nur bei der Einführung von OKR, sondern auch im weiteren Lebenszyklus, ziehe ich dabei immer wieder meine »Checkliste für erfolgreiches Scheitern mit OKR« zu Rate. Diese hat keinen Anspruch auf Vollständigkeit. Vielmehr ermuntere ich die Beteiligten, diese zu ergänzen und sich dadurch bewusst zu machen, was im Umkehrschluss besser gemacht werden soll.

Die ultimative Checkliste für erfolgreiches Scheitern mit OKR:

- Mach deutlich, dass das Streben nach der Unternehmensvision reine Zeitverschwendung ist.
- Sage deutlich in der Öffentlichkeit, dass Kundenzentrierung das A und O ist, fokussiere dich im Tun allerdings ausschließlich auf interne Prozesse.
- Beschreibe eine strategische Richtung so schwammig, dass auch wirklich keiner was damit anfangen kann.
- Starte OKR als Geheimprojekt und erzähle allen, dass da was im Busch ist.
- Falls es doch schon offiziell ist, fasse den Nutzen mit »Google macht das auch« zusammen.

- Bist du in der Geschäftsführung, übertrage das Mandat für die Einführung von OKR irgendeiner Person im Unternehmen, die dich am wenigsten davon abhält, weiterhin über Command and Control zu steuern.
- Dann solltest du aber noch hinzufügen, dass das hundert Prozent top-down funktionieren wird.
- Damit das funktioniert, nimmst du einfach dein heutiges Zielsetzungssystem und schreibst OKR drüber.
- Setze den Fokus weiterhin darauf, möglichst viel gleichzeitig anzuzetteln und bitte die Teams, kontinuierlich ihre Tasklisten öffentlich zu pflegen. Key Results eignen sich dafür besonders gut.
- Hilfreich ist dabei auch, mit großem Brimborium zu Beginn des Jahres überambitionierte Ziele auszurufen und nie wieder darauf zu schauen.
- Löse dabei am besten keine existierenden Probleme deiner Kund:innen und erzeuge keinerlei Mehrwert für dein Unternehmen.
- Bitte deine Mitarbeitenden, sich selbstständig Informations- und Lernmaterialien im Internet zusammenzusuchen.
- Knüpfe die OKRs an persönlichen Boni und Incentives, so sind alle so richtig motiviert.
- Streue auch gerne ein paar Gerüchte, was mit Mitarbeitenden passiert, die ihre OKR-Sets nicht erreichen. Ein bisschen Angst hat noch keinem geschadet.
- Verhalte dich stets gegensätzlich zu dem, was du von deinen Kolleg:innen erwartest.

Dieses Kapitel stand unter dem Motto »Lernen aus den Erfahrungen anderer«. Die beschriebenen Fallstricke und Empfehlungen wollen dir Denkanstöße für deinen (Unternehmens-)Kontext geben, sodass du hinsichtlich Erwartungsmanagement, Klarheit in der Kommunikation und der Zusammenarbeit mit den Schlüsselpersonen gewappnet bist.

Im folgenden Kapitel setzen wir uns mit wesentlichen Voraussetzungen auseinander, die dir helfen, OKR sinnvoll in deinem Kontext anzuwenden. Dazu zählen insbesondere Antworten auf die Frage »Warum machen wir eigentlich OKR?«, »Warum ist es wichtig, einen strategischen Rahmen mit Vision und Mission aufzuspannen?« und »Wie kann eine Datenkompetenz eine Einführung erleichtern?«. Außerdem schauen wir auf Einführungsvarianten und den OKR-Zyklus aus Sicht der interviewten Personen.

Sinnhaft machen: Warum ein strategischer Kontext so wichtig ist

»OKR wirkt wie das Röntgengerät. Auf einmal siehst du den Knochenbruch ganz deutlich. Doch weder ist OKR für das Entstehen des Bruchs verantwortlich, noch wird es alleine den Knochenbruch heilen. Allerdings können wir geeignete Therapiemaßnahmen ableiten.«

Johannes Burr, corporate culture architect

In diesem Kapitel werfen wir einen Blick auf drei kontextgebende Faktoren, die im Zusammenspiel mit OKR wie ein Teilchenbeschleuniger wirken können: Nummer Eins: Klarheit über das Warum, Nummer Zwei: Ein stabiles Strategie-Framework sowie Nummer Drei: Der Reifegrad hinsichtlich der Datenkompetenz. Weiter schauen wir, wie die Interviewten OKR im Unternehmenskontext sinnvoll eingeführt haben und wie sie den Zyklus für sich definieren.

4.1 Die Sache mit dem Warum?

Warum machen wir eigentlich OKR? Warum erhoffen wir uns dadurch eine Verbesserung? Warum kann es uns helfen? Das sind dankbare Fragen von Mitarbeitenden, auf die Führungskräfte, Sponsor:innnen und OKR-Coaches gleichermaßen eine Antwort haben sollten. Denn diese sind mit großer Wahrscheinlichkeit in den Köpfen vieler Beteiligter und mitunter werden sie auch ausgesprochen. Warum also nicht diese gezielt bespielen. Nicht nur bei der Einführung, sondern auch mit fortschreitendem OKR-Reifegrad gilt es, diese Fragen gezielt zu kommunizieren und stets deutlich zu machen, wie OKR helfen soll, die gesetzte Strategie und die angestrebte Unternehmensvision zu erreichen.

Doch wie finde ich heraus, was wir mit OKR als Betriebssystem denn eigentlich erreichen wollen? Rufen wir uns dazu noch einmal die fünf Hauptnutzen von OKR aus der Einleitung ins Gedächtnis:

- Fokussierung der Organisation auf die strategische Ausrichtung,
- Disziplin in der Umsetzung der Strategie erzeugen,
- Verbesserung der crossfunktionalen Zusammenarbeit,
- Transparenz des messbaren Fortschritts,
- Verkürzung der Lernschleifen und dadurch Möglichkeit, anpassungsfähiger auf Veränderungen reagieren zu können.

Wahrscheinlich würden die meisten Führungskräfte bei allen fünf Aspekten einen Haken setzen. Das wäre allerdings ein bisschen so, als ob wir als DJ am Mischpult einfach alle Regler auf hundert Prozent hochdrehen würden. Wir wollen alles, können aber nicht alles haben oder wie Johannes Burr (hyppy) meinte: »Da muss man brutal ehrlich zu sich sein: Welche Musik spielen wir hier? Denn Enttäuschung entsteht oft durch falsche Erwartungen.« Das Bild des Mischpults eignet sich gut als kurze Intervention, um aus den fünf genannten Gründen, warum OKR eingeführt werden soll, den Wesentlichsten herauszuarbeiten. Dazu wird die folgende Abbildung mit den beschriebenen (oder anderen) Gründen auf ein Whiteboard gezeichnet. Jede Person bekommt fünf Stimmen und hinterlässt einen Punkt an jedem Regler. Dabei dürfen die fünf Stimmen nicht gebündelt und auch jeweils nur einmal vergeben werden (Skala –2 bis +2).

Das sich ergebende Bild dient als Grundlage für die weitere Ausarbeitung.

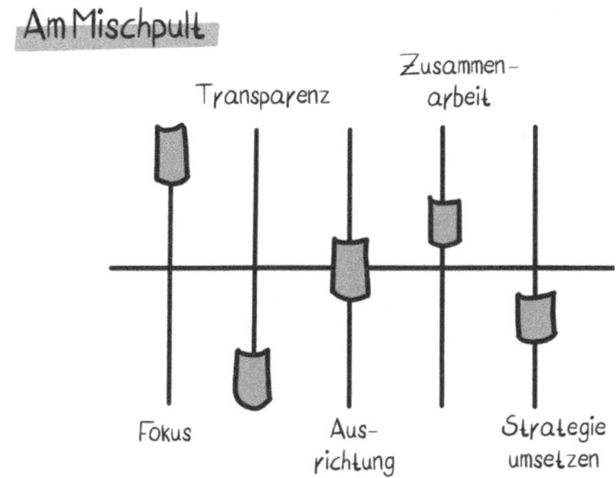

Das entstehende Bild kann bereits ein guter Fundus für Kommunikationsideen sein. Ob durch Geschichten (siehe folgenden Hack), der Weg-von-Hin-zu-Methode (siehe Kapitel 3) oder Kurzvideos (siehe Digitale Playbox zum Buch). Der Kreativität sind keine Grenzen gesetzt. Insbesondere in der Einführung von OKR lohnt es sich, in persönlichen Gesprächen mit den Mitarbeitenden herauszufinden, wie die Botschaft gut vermittelt werden kann. Judith Altemark (BabyOne) berichtet, dass insbesondere ein Vertiefen des Warums in Teammeetings im Anschluss an die allgemeine Kommunikation wertvoll war, da dort die Frage »Warum könnte das für mich interessant sein?« besser diskutiert werden konnte.

Darüber hinaus sollten wir eher zu viel als zu wenig kommunizieren. Wenn du das Gefühl hast, du hast das schon hundertmal erzählt, packe noch mal eine Schippe drauf. In einem Zeitalter der Überinformationen, müssen wir uns mit konsistenten und wiederholenden Botschaften in den Köpfen verankern. Gleichzeitig bleiben wir so mit den Bedürfnissen und Problemen in der Organisation vernetzt, denn die Sinnhaftigkeit muss auch dauerhaft klar sein und permanent hinterfragt werden (dürfen). Das Team muss verstehen: Warum machen wir das? Und welches Problem soll es lösen?

Hack: Atalante und die goldenen Äpfel / *In Workshops erzählt Paul Rodoreda (Haufe Talent) gerne die Geschichte von Atalante, die dazu dient, die Teilnehmer:innen für das Thema Fokus zu sensibilisieren. Und so geht die Geschichte über die griechische Göttin des Laufens: Atalante war eine berühmte Jägerin und Ausnahmeathletin. Ihr Vater, Schoeneus, wollte, dass sie heiratet. Sie weigerte sich jedoch und schlug vor, denjenigen zu heiraten, der sie im Rennen besiege. Einige Verehrer versuchten dies dann erfolglos. Ein weiterer Kandidat, Hippomenes, bat die Göttin Aphrodite um Hilfe. Diese gab ihm drei goldene Äpfel, die als unwiderstehlich galten. Während des Rennes warf Hippomenes Atalante immer einen dieser Äpfel vor ihre Füße genau in dem Moment, in dem sie ihn überholte. Sie sammelte die Äpfel ein und just in dem Moment,* *in dem sie wieder überholen wollte, tat er wieder dasselbe. Letztlich hatte sie zwar drei goldene Äpfel im Gepäck, hatte das Rennen allerdings verloren und musste Hippomenes heiraten. Das kann also passieren, wenn man sein Ziel aus den Augen und damit den Fokus verliert.*

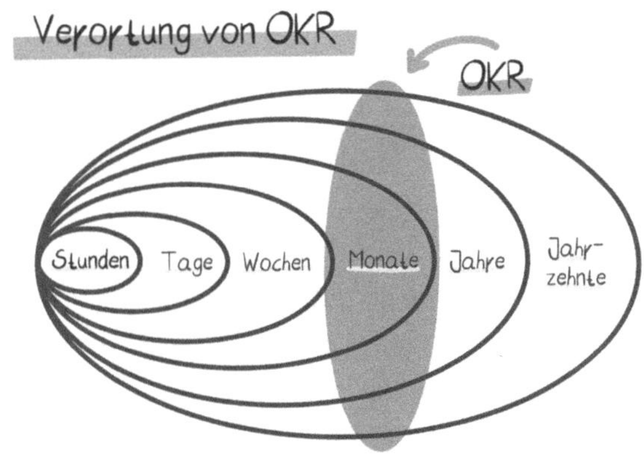

4.2 Das Big Picture

Manche Kritiker:innen des Rahmenwerks OKR bemängeln dessen Kurzsichtigkeit. Wie können denn Quartalsziele auf die Vision einwirken? Dieses Bild kann insbesondere dann entstehen, wenn keinerlei Big Picture erkennbar ist. Wo will das Unternehmen hin? Welches Problem löst es für die Kund:innen? Mitunter sage ich spitz im OKR-Kontext: Macht eure Hausaufgaben als Organisation und habt eure eine klare Vision, eine klare Mission und eine klare strategische Richtung. Dann ist OKR sinnhaft und wirkt als Übersetzungsmechanismus von der Vision, Mission, Strategie hin zur konkreten Aktion.

Vision

Bei der Erarbeitung der kontextgebenden Artefakte, wie der Vision, fahre ich einen sehr pragmatischen Ansatz. Mir ist bewusst, dass es ähnlich wie zu OKR auch facettenreiche Interpretationen hierzu gibt. In der Praxis funktioniert für mich die folgende Definition: Eine Vision beschreibt das ultimative Wofür und ist damit der Nordstern. Sie ist ein Ziel, dass wir anstreben, in ein bis zwei Jahrzehnten erreicht zu haben, aber vielleicht nie erreichen werden.

Eine Vision zu erstellen, ob für das Gesamtunternehmen, die Abteilung oder das Team ist kein Hexenwerk. Wir wollen keinen Preis für die beste Formulierung gewinnen, sondern eine inspirierende, aber bei Weitem nicht perfekte Vision finden. Das gelingt meiner Erfahrung nach am besten, wenn die Mitarbeitenden eingebunden werden und die Erstellung der Vision in kleinen Häppchen erfolgt. Letzteres bietet die Möglichkeit, die Ideen zu verdauen und bis zum nächsten Termin neue Anregungen mitzubringen. Kreativität auf Knopfdruck in Präsenzworkshops sehe ich persönlich als Glückspiel an: Kann funktionieren oder eben auch nicht.

Zwei Ideen, um eine neue Vision zu erstellen oder eine existierende zu verbessern:

1. Zurück in die Zukunft

Die Teilnehmenden steigen virtuell in das als Zeitmaschine fungierende Auto »DeLorean« aus dem Film »Zurück in die Zukunft« ein. In der ersten Iteration werden die Reisenden gebeten, ihre Beobachtungen festzuhalten: Was sehen, hören, fühlen sie in der Zukunft? Diese Beobachtungen werden in Form von Bildern, Stichworten, Videos auf einem digitalen Whiteboard festgehalten. Bis zum nächsten Treffen kommt so eine bunte Mischung zusammen, die dann geteilt, sortiert und mit Überschriften geclustert wird. Basierend darauf erarbeiten die Teilnehmenden dann Vorschläge für eine Vision. Diese werden transparent auf dem Board festgehalten und in einem letzten Treffen diskutiert und priorisiert. Im Anschluss empfiehlt sich, zu drei bis fünf Visionsvorschlägen Feedback in der Organisation einzuholen und damit die Ideen zu validieren.

2. Lückentext

Viele Teams und Organisationen tun sich, meiner Erfahrung nach, schwer, auf dem weißen Papier eine Vision niederzuschreiben. In solchen Situationen biete ich den Teilnehmenden einen Lückentext an, der bewusst mehr Lücken als Text aufweist. Ausgangspunkt ist die Frage: Was ist unser ultimatives Wofür? Dazu lasse ich die Teilnehmenden individuell Stichworte sammeln. Je mehr, desto besser. Dann zeige ich ihnen den Lückentext und betone, dass dieser als Inspiration zu sehen ist und komplett umgebaut werden kann. Das einzige Prinzip, auf das wir uns einigen, ist, dass der entstehende Satz gerade so lang sein darf, dass die Teilnehmenden diesen auch einen Tag später wiedergeben können.

Wofür?

Damit ________ um __________ weil _____.

Wie bereits erwähnt, setze ich darauf, dass eine Vision aus dem Unternehmen heraus entsteht. Für die Menschen, die daraus OKRs und konkrete Aktionen ableiten, muss diese andockfähig sein und das kann besser gelingen, wenn sie diese Vision mitgestaltet haben. Auf der anderen Seite bedeutet das nicht, dass die ganze Belegschaft in gleicher Intensität darüber nachdenkt. Es sollte allerdings zumindest ein Angebot des Sich-Einbringens geschaffen werden (siehe Praxisbeitrag »Culture Camps«). In den vergangenen Jahren sind mir auch Unternehmen begegnet, die für die Erarbeitung der Vision eine Beratungsfirma engagiert haben. Stellvertretend für diesen Ansatz, ist mir dieser Satz von einem Gesprächspartner in Erinnerung geblieben: »Da geben die Leute einen Haufen Geld aus für eine austauschbare Vision von irgendeiner Beratungsfirma. Keine Strategie, keine Idee, wie man das erreichen kann und dann wird nicht mal drüber gesprochen. Da sitzt dann der rosarote Elefant im Raum.«

Mission

Am 18. Februar 2021 landete die Raumsonde Rover Perseverance auf dem Mars. Diese Bilder gingen um die Welt, ebenso wie die der jubelnden Mitarbeitenden im Kontrollzentrum des NASA Jet Propulsion Laboratory. Vielleicht ist dir im Hintergrund an der Wand auch ein Schriftzug aufgefallen? Dort war »dare mighty things« zu lesen. Dieses Credo ist mir sofort ins Auge gefallen: Es ist kurz, einprägsam und begeisterte mich sofort, auch wenn ich mit Raumfahrt gänzlich wenig am Hut habe. Jetzt kann ich natürlich nicht beweisen, dass die

Mitarbeitenden von dem Spruch ebenso berührt sind wie ich. Ich wage die Behauptung: Ja, sind sie. Es gibt Indizien dafür, dass sie ihre Mission als codierte Nachricht auf dem Fallschirm der Raumsonde unterbrachten, wie im »The Guardian« zu lesen war.

Die Mission ist unser Auftrag und wirkt als übergreifendes Motto. Als Leitplanke fokussiert sie unser tägliches Handeln auf die Vision hin. Auch hier gilt: Aus der Erstellung einer Mission sollte keine Doktorarbeit werden oder wie Christina Wodtke (2021: 187) sagen würde: »Das muss keine Poesie sein. Sie ist ein Wegweiser, wenn wir vor der Frage stehen, wie wir unsere Zeit investieren.« Ganz praktisch heißt das, wir stellen die Vision in den Mittelpunkt und fragen uns als Team oder Organisation, wie wir diese erreichen.

Für die Erstellung der Mission nutze ich gerne simple Brainstorming-Methoden. Diese leite ich durch die folgende Frage ein: »Wenn ihr die Vision nun vor euch seht: Wie könntet ihr dazu beitragen? Wie lautet unser Credo? Starte gerne mit den Begriffen »Indem wir ...«. Die Teilnehmenden nehmen sich dann individuell zehn Minuten Zeit, ihre Ideen und Stichworte auf Haftnotizen oder Moderationskarten zu bringen. Das individuelle Brainstorming erlebe ich als viel effektiver, da die Teilnehmende unabhängig voneinander ihre Ideen auf das Papier bringen. Damit werden alle, insbesondere auch ruhigere Teilnehmende, eingebunden. Die Stichworte und Ideen können dann wie Legobausteine genutzt werden, um eine Mission zusammenzubauen. Abschließend erfolgt eine Entscheidung zu den erstellten Sätzen, über die abgestimmt werden soll. Dazu zeichne ich Bereiche auf ein (digitales) Whiteboard und die Teilnehmenden dürfen reihum eine Mission in ein Feld setzen. Dabei dürfen sie ein freies Feld besetzen, eine Mission austauschen oder auch einfach nur »weiter« sagen, sollte die Auswahl für sie in Ordnung sein. Dadurch ist in der Regel nach wenigen Minuten sichtbar, welches die Favoriten sind. Abschließend bekommt dann jeder Teilnehmende zwei reale oder virtuelle Klebepunkte, um die beliebteste Formulierung für das Team auszumachen.

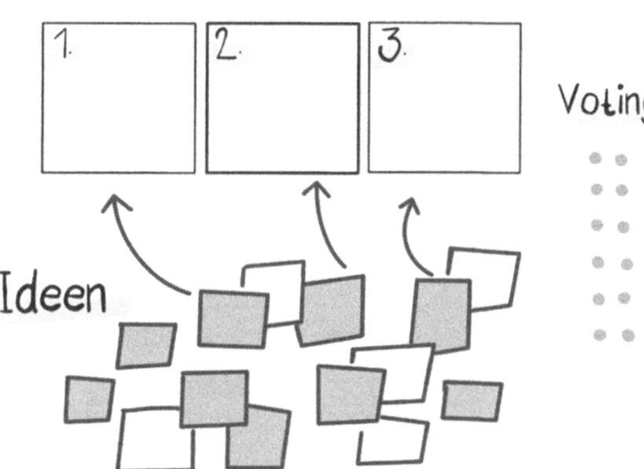

Strategie ≠ Ziele

Was glaubst du, wie viele deiner Kolleg:innen, die nicht in einer Führungsfunktion sind, kennen und verstehen die strategische Ausrichtung des Unternehmens? Fünfundsiebzig Prozent? Fünfzig Prozent? Fünfundzwanzig Prozent? Damit wärst du schon richtig gut dabei. Laut einer unveröffentlichten Umfrage von Haufe aus dem Jahr 2020 kennen neunundsiebzig Prozent der Arbeitnehmer:innen ohne Führungsfunktion gar nicht oder nur vage die eigene Unternehmensstrategie. Als ich die Zahlen das erste Mal gelesen habe, war ich regelrecht schockiert. Wenn ich dann noch Sätze höre wie »Unsere Chefs werden schon wissen, wo sie hinwollen«, dann fühle ich das noch deutlicher. Wie sollen wir denn die gesetzte Vision erreichen, wenn wir diese nicht einmal kennen und keinen bekannten Spielplan haben, dem wir folgen können?

Eine Strategie ist mit den Worten von Henry Mintzberg, Professor für Management Studies, »ein Muster in einer Reihe von Entscheidungen«. Damit ist eine Strategie kein Ziel, sondern vielmehr eine Richtung, die wir einschlagen, weil wir glauben, dass sie uns hilft, unser Ziel zu erreichen. Um diese mitunter entstehende Verwirrung aufzulösen, nutze ich in der Praxis daher gerne den Begriff strategische Richtung. Die Klarheiten dieser gesetzten Richtungen spiegeln sich dann auch in den OKR-Sets wider. Das unterstreichen Paul Niven und Ben Lamorte (2016) in ihrem Buch: »A core strategy supplies boundaries, helping you determine what not to do when faced with a sea of opportunities, which is every bit as important as determining what to do.«

Paul Niven und Ben Lamorte (2016) geben vier Fragen an die Hand, die bei der Strategieerstellung helfen:

- Was bringt uns voran? Welche Kräfte?
- Was verkaufen wir?
- Wer sind unsere Kunden?
- Wie verkaufen wir? Warum sollte jemand bei uns kaufen?

Mit der Beantwortung der Fragen werden in der Regel die essenziellen Dimensionen sichtbar. Beispielsweise könnte eine strategische Richtung eines mittelständischen Einzelhandelsunternehmens beinhalten, dass ein Großteil der IT-Infrastruktur in zwei Jahren in der Cloud liegen soll. Gleichzeitig empfiehlt es sich, die Markt- und Technologietrends zu berücksichtigen und so nicht mit zu vielen blinden Flecken in die Identifikation der strategischen Richtungen zu gehen.

Hack: Die Diagnose / *Für die Strategieerstellung oder -weiterentwicklung plane eine Diagnosephase ein. Durch Gespräche und Umfragen mit Mitarbeitenden aus verschiedenen Bereichen des Unternehmens, erfährst du mehr über die Probleme und Lösungsideen. Diese Ergebnisse sind eine dankbare Vorarbeit und beschleunigen den Prozess.*

Wie bringe ich nun das Big Picture zusammen?

Vision, Mission und strategische Richtungen sind Teil des Big Pictures, ergo richtungsweisend für die Organisation und damit auch für die quartalsweise Zielsetzung. Es gibt viele gute Vorlagen und Canvas' über Alexander Osterwalders »Business Model Canvas«, die Arbeiten von Roger Martin, insbesondere zum »Playing To Win Strategy Framework«, oder Ash Mauryadas »Lean Canvas«, die in adaptierten Versionen dafür verwendet werden können. Die Links zu diesen findest du in der Playbox, ebenso wie meinen BigPic-Ansatz (BigPic = Big Picture), eine weiterentwickelte Variante der Leitbildpyramide für die Arbeit in (Führungs-)Teams. Ein Praxisbeispiel für die unternehmensweite Erarbeitung der Vision und Mission steuert Mark Lambertz (METRO AG) in einem Gastbeitrag bei.

Im Folgenden führe ich dich durch die einzelnen Elemente meines Ansatzes »BigPic«. Dabei werde ich mich auf das Erläutern der Workshopreihe konzentrieren. Für die detaillierte, methodische Ausgestaltung kannst du einige Ideen aus meinen Ausführungen zu Vision, Mission und den strategischen Richtungen verwenden.

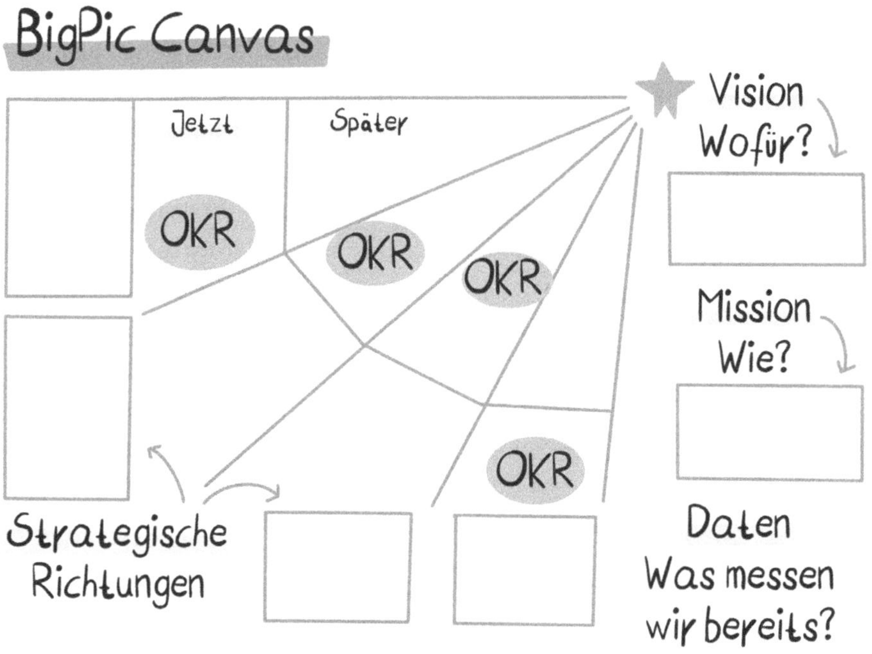

Das Erschaffen des BigPic

Je 45- bis 90-minütige Workshops (je nach Gruppengröße geleisteter Vorbereitung)

1. Workshop: Vision

- 10 Minuten: Einführung und Kontext geben: Warum brauchen wir das Big Picture?
- 45 Minuten: Erarbeitung der Vision, zum Beispiel über Lückentext.
- 5 Minuten: Abstimmung der nächsten Schritte, wie gegebenenfalls Validierung der Visionsvorschläge.

2. Workshop: Mission

- 10 Minuten: Teilen der Erkenntnisse seit dem ersten Workshop, insbesondere die Ergebnisse zur Vision.
- 30 Minuten: Erarbeitung der Mission, zum Beispiel über individuelles Brainstorming zur Mission und Diskussion.
- 10 Minuten: Priorisierung der Ideen und über die stimmigste Version abstimmen.
- 10 Minuten: Abstimmung der nächsten Schritte, wie zum Beispiel Verteilung der Aufgaben für eine perspektivenreiche Diagnose des Umfelds. Diese sollten vor dem nächsten Workshop mit den Teilnehmenden geteilt werden, sodass diese sich schon einmal einlesen.

3. Workshop: Strategie

- 15 Minuten: Erörterung von offenen Fragen rund um die Diagnose.
- 20 Minuten: Formulierung Überschriften zu drei bis fünf Themencluster.
- 10 Minuten: Falls hilfreich, eine weitere Konkretisierung vornehmen, zum Beispiel anstatt Cloud, Cloud im Geschäftszweig X.
- 10 Minuten: Zusammenfassung der Ergebnisse.

Hinweise zur Durchführung:

- Das Canvas »BigPic« auf einem (virtuellen) Whiteboard vorbereiten.
- Sollten die Workshops in Präsenz stattfinden, empfiehlt sich, eine ausreichende Anzahl an Haftnotizen 7,6 × 7,6 Zentimeter und schwarze Filzstifte bereitzulegen.
- Ebenso empfehle ich, ein physisches Whiteboard mit einem Hinweis zu versehen, wie »Bitte stehen lassen«. Mitunter sind sonst die Ergebnisse der ersten beiden Workshops beim dritten nicht mehr vorzufinden.
- Im Anschluss an die Workshopreihe sollten die Ergebnisse transparent der Organisation zur Verfügung gestellt werden.
- In der digitalen Playbox findest du das BigPic-Canvas als Vorlage zum Download.

Von Leitbildpyramide bis Culture Camps

Ganzgleich wie du zu den einzelnen Elementen kommst, am Ende zählt, dass sie da sind. Sie geben den Teams und der gesamten Organisation den Rahmen, den sie benötigen. Judith Altemark (BabyOne) berichtet, dass sie die klassische Leitbildpyramide nutzen und sich dabei die Frage stellen, was sie konkret tun müssen, um die Vision zu erreichen. Auch für Denis Liggeri (StepStone) funktioniert diese sehr gut. Er nutze »jede Gelegenheit, diese transparent zu machen und habe sie quasi in jeder Besprechung dabei.« Dieses wiederholende Element hilft, das große Ganze in den Köpfen zu verankern. Darüber hinaus bietet es auch die Möglichkeit, den Mitarbeitenden aufzuzeigen, wie sie dazu beitragen können. Dazu berichtete mir Stefan Friedrich (EDAG), dass er stolz sei, mithilfe von OKR die Mitarbeitenden mitzunehmen und ihnen dadurch die Wirkungskette aufzuzeigen, wie zum Beispiel eine kleine Aufgabe auf die Vision einzahlt. Das schaffe Zugehörigkeit.

Und genau das ist das, was wir mit und durch OKR erreichen können. Wir gehen neben dem Zielesetzen ganz unbewusst noch viele weitere Themen an. Wir sprechen womöglich über Kulturfragen, über die Weiterentwicklung von Teams und passen Prozesse auf dem Weg an. OKR zeigt uns im Sinne des Röntgengeräts auf, wo der Schuh drückt. Die Probleme, die wir sehen, zum Beispiel ein fehlendes Big Picture, können wir dann angehen. Daten sind ebenfalls eine gute Quelle für Verbesserungen. Wie hilfreich es sein kann, Big Pictures und Leitbilder schon vor einer Einführung von OKR auf dem Radar zu haben, werden wir im nächsten Kapitel näher betrachten.

Praxisbeispiel »Culture Camps«: Ein Gastbeitrag von Mark Lambertz (METRO AG)

Die »Culture Camps bei METRO.digital« oder wie es in einundzwanzig Tagen zu Covid-Zeiten gelang, einen Purpose, eine Vision, eine Mission und Unternehmenswerte zu gestalten. Mit vierundzwanzig Kolleg:innen, in zwei Ländern an sechs Standorten.

Die Rahmenbedingungen für dieses Unterfangen hätten durchaus angenehmer sein können: Zu Covid-Zeiten, also völlig im Remote-Set-up, mittels Videokonferenz und virtuellem Whiteboard, zentrale Kulturartefakte erstellen. Und dies auch noch mit einem gewissen Zeitdruck, weil es galt, ein neues Unternehmen innerhalb der METRO Gruppe für die offizielle Markteinführung vorzubereiten. Dieser Praxisbeitrag soll davon berichten, wie dies gelang und den Lesenden hoffentlich Ideen für eigene Vorhaben liefern – und gleichzeitig die Hürden nennen, die es zu bewältigen galt. Des Weiteren ist es unabdingbar, darauf hinzuweisen, dass dieser Bericht kein Erfolgsrezept darstellt, weil diverse Faktoren, die zum Erfolg beigetragen haben, bereits VOR dem eigentlichen Projekt initiiert wurden. Dennoch kannst du vielleicht die eine oder andere Anregung aus diesem Bericht ziehen.

Zunächst ist es wichtig, zu erwähnen, dass im Vorgängerunternehmen, aus dem die METRO digital hervorging, bereits eine recht agile Kultur gelebt wurde. Natürlich nicht überall im gleichen Maße, doch im Großen und Ganzen hatte die Organisation die Themen Selbstorganisation und Selbstverantwortung gut gelebt. Dies ist maßgeblich der Geschäftsführung zu verdanken, die beharrlich die Idee der Produktorganisation verfolgte. Dieser Basis war zu verdanken, dass ein wichtiger Aspekt im weiteren Vorgehen bereits umgesetzt war: Das Vertrauen, dass ein gut begleiteter Bottom-up-Prozess ein Ergebnis ergeben wird, welches von der Geschäftsführung verstanden, aber nicht freigegeben werden muss. Dieser Vertrauensvorschuss war entscheidend, um alle weiteren Schritte einzuleiten.

Da bereits zu Beginn klar war, dass es einer Serie von Workshops bedürfen würde, wurde ein inkrementeller Prozess aufgesetzt, der von Iteration zu Iteration immer konkreter wurde – also erst mal ganz klassisches »vom Groben zum Feinen hinarbeiten«. Insgesamt wurden drei Workshops geplant, bei denen die Zeiträume dazwischen dafür genutzt werden konnte, die jeweiligen Zwischenergebnisse vom Rest der Firma bewerten zu lassen (hierfür wurden Umfragen in Office365 aufgesetzt). Dieses Feedback diente maßgeblich als Material, auf dem die Kollegen:innen in den folgenden Workshops aufbauen konnten.

Im Zuge der Konzeption wurde dann auch bald ein Name gefunden, der nicht nur als schriftliche, sondern auch als bildliche Metapher dienen sollte: Culture Camp(s) war der Begriff, der uns leiten sollten – denn während einer Reise braucht man Camps, also Lager, in denen Mensch sich zwischen den Etappen erholen kann.

Ein weiterer Erfolgsfaktor in der Durchführung war eine gute Vorbereitung der Teilnehmenden. Frei nach dem Motto, dass Gelingen auf einem gut vorbereiteten Geist und einer Prise Zufall besteht, wurden zwei Maßnahmen durchgeführt:

Es wurde strikt zwischen dem eigentlichen Kennenlernen der Teilnehmenden, der Erläuterung des Vorhabens, sowie des Trainings des Whiteboard-Tools (Miro) und den eigentlichen Workshops unterschieden. Dies geschah in der Absicht, dass jede:r vor den Workshops das Warum, Was und Wie verstehen konnte – und sich die Gruppe während der Workshops maximal auf die zu erstellenden Artefakte zu konzentrieren vermochte.

Des Weiteren wurde vor dem ersten Kennenlernen ein relativ umfangreiches Dokument versandt, in welchem elementare Aspekte erklärt wurden. Dies umfasste sowohl eine Darstellung der Zusammenhänge der zu erstellenden Artefakte wie auch eine Klärung, welche essenziellen Fragen das jeweilige Artefakt beantwortet.

Die folgende Abbildung bringt es auf den Punkt:

Vorbereitungsmaterial zum Culture Camp, © Mark Lambertz

Darüber hinaus enthielt das Pre-Read-Dokument auch Infos, die dabei halfen, den gesamten Kontext zu erfassen, wie zum Beispiel:

- bisher existierenden Artefakten aus der seinerzeit existierenden Organisation,
- Infos zur »Mutter Organisation«, der METRO AG (von der Strategie bis hin zur übergeordneten Vision),
- positive und negative Beispiele von anderen Organisationen aus dem Tech- und Großhandelsbereich,
- eine Zusammenfassung des obigen Benchmarkings in Form von knackig formulierten Heuristiken.

Es sei noch auf ein weiteres Element hingewiesen, welches während der verschiedenen Workshops sehr nützlich war: Glücklicherweise gab es einen grafisch talentierten Facilitator, sprich Moderator, der ein sehr inspirierendes Whiteboard gestaltet hatte. Im Design hatte er die Idee der Culture Camps visuell aufgegriffen und geradezu zum spielerischen Umgang mit dem Thema eingeladen. Hierzu wurden die verschiedenen benötigten Stationen der Workshops auf einer Weltkarte integriert, über welche die teilnehmenden Kolleg:innen ihre Avatare bewegen konnten.

Abschließend noch ein Tipp, der für die Moderation von großen Gruppen dienlich sein kann, um ausschweifende Diskussionen und Endlosschleifen zu vermeiden. Es geht hierbei um das Phänomen, dass Menschen wichtige Begriffe gerne miteinander definieren. Dies ist erst mal positiv zu bewerten, da es den Willen zur Erkenntnis zum Ausdruck bringt. Jedoch verheddern sich Menschen ebenso gerne in »meine Definition« versus »deine Definition«, ohne sich auf eine geteilte Bedeutung einigen zu können. Aus diesem Grunde empfiehlt es sich, das folgende Prinzip zu beherzigen:

Intention beats definition!

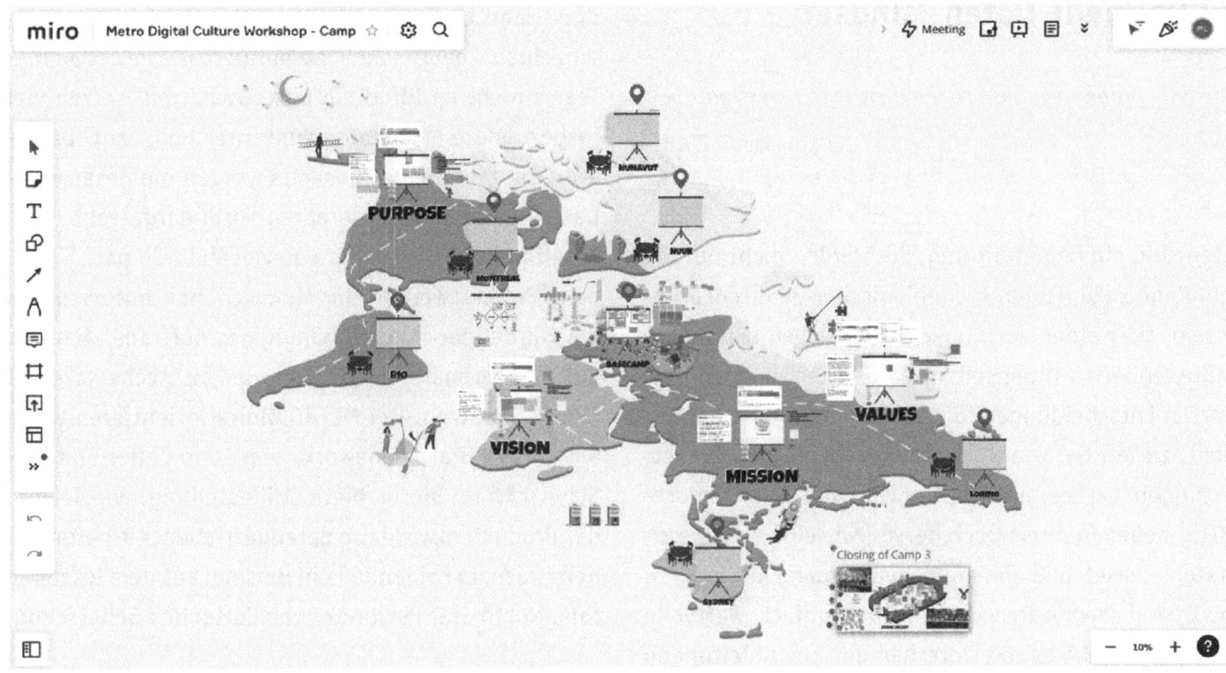

Workshop Culture Camp, © Mark Lambertz

4.3 Das neue Daten-Mindset

»The only proper response to a metric is to investigate.«

Martin Klubeck, Autor

Daten sind die neue Währung. Sie werden nicht nur die Grundlage zukünftiger, technologischer Quantensprünge sein, sie werden auch unser Arbeitsleben massiv beeinflussen. Wir sollten sehen, dass Daten uns zu informierten Entscheidungen führen können. Sie helfen uns damit, zu lernen, wie wir unsere Produkte und Dienstleistungen verbessern. Paul Niven und Ben Lamorte (2016) heben in ihrem Buch hervor, wie eine erfolgreich Strategieumsetzung abhängig vom Umgang mit Fehlern sei. In Wahrheit wären diese Fehler einfach wertvolle Datenpunkte, die es zu erforschen gilt, um Ableitungen für die Zukunft zu treffen.

In noch zu vielen Unternehmen findet die hauptsächliche Steuerung durch Finanzkennzahlen statt. Doch diese sind in der Regel übergreifende Zahlen, die von einzelnen Teams kaum beeinflussbar sind. Damit die Teams nicht im Blindflug unterwegs sind, setzen viele, insbesondere Technologieunternehmen, auf Dashboards. Im Sinne eines Cockpits werden die gesammelten Daten in einer analysierbaren Form dargestellt und im Idealfall live im Teambüro ausgespielt. Je nach Produkt oder Projekt werden die Metriken sich unterscheiden. Ich würde jedoch, unabhängig des Auftrags, den Fokus auf eine primäre Metrik und vier bis sechs sekundäre Metriken setzen. Bei METRO.digital orientieren wir uns am »North Star Framework« von John Cutler und Jason Scherschligt. Dieses bietet Hilfestellung, wie Teams in der Produktentwicklung datengetriebener arbeiten können. Dazu im Folgenden ein Beispiel aus dem lesenswerten »North Star Playbook« von Cutler und Scherschligt:

Metriken eines Unternehmens im Onlinehandel:

- North Star: Monatliche Gesamtsumme der fristgerecht bei den Kunden eingegangenen Sendungen.

- Input-Metrik »Breite«: Anzahl der Kunden, die jeden Monat Bestellungen aufgeben.
- Input-Metrik »Tiefe«: Anzahl der Artikel innerhalb einer Bestellung .
- Input-Metrik »Häufigkeit«: Anzahl der abgeschlossenen Aufträge pro Kunde und Monat.
- Input-Metrik »Effizienz«: Prozentsatz der pünktlichen Lieferungen.

Vielleicht fragst du dich jetzt, was das Ganze mit OKR zu tun hat? Das ist genau der springende Punkt und die unterschätze Superkraft, die Unternehmen mithilfe von OKR entfesseln können. OKRs entstehen nicht im luftleeren Raum. Wir setzen uns Ziele, um eine bestimmte Metrik zu verbessern. Christina Wodtke (2021: 192) stellt das in ihrem Buch »Radical Focus« auch deutlich heraus: »The OKR methodology requires the ability to measure critical metrics and then move them.« Eine Verankerung dieses Daten-Grundverständnisses in der Organisation erleichtert dann über dies die Erstellung von sinnvollen Key Results.

Diese Einschätzung teilt rückblickend auch Daniel Schönheim (Eurowings): »Einer der Gründe für die Einführung von OKR in der Eurowings Operations war, dass wir stärker datenbasierte Entscheidungen treffen wollten, sprich mehr Zahlen, Daten, Fakten, weniger Bauchgefühl. Wir brauchen eine gemeinsame Datenbasis. Das macht es viel einfacher mit KR und KPIs zu arbeiten.«

Zusammenspiel von OKR und KPIs

Wer sich mit OKRs auseinandersetzt, wird irgendwann mit der Frage konfrontiert sein, was denn der Unterschied zwischen einem Key Result (KR) und einem Key Performance Indicator (KPI) ist. Dazu verwende ich gerne die folgende Metapher: Stell dir vor, du liegst mit einem gebrochenen Sprunggelenk im Krankenhaus. Dein Ziel (objective) ist es, möglichst schnell wieder mit deinem Kind auf dem Spielplatz zu toben. Das ist ambitioniert, aber aus deiner Sicht machbar. Zusammen mit den Ärzt:innen und Therapeut:innen hast du über verschiedene messbare Hebel (Key Results) nachgedacht, die dir helfen, dein Ziel zu erreichen. Das könnte zum Beispiel

Verringerung deiner Schmerzen sein oder, dass du ein paar Kilogramm verlierst, die sich in den letzten Wochen im Krankenbett angesammelt haben oder vielleicht die stetige Steigerung der Belastung deines Sprunggelenks durch Bewegung und gezielten Muskelaufbau. Diese Erfolgshebel erhöhen die Wahrscheinlichkeit, dass du dein Objective erreichst. Wir probieren aus, was funktionieren könnte. Doch bei all den Dingen, die wir tun und messen, hoffe ich doch, dass du als Patient auf deine Vitalzeichen geprüft wirst. Vielleicht bist du sogar noch an einen Monitor angeschlossen, der zeigt, wie es um deine Werte steht. Nicht, dass wir uns nachher beglückwünschen, wie erfolgreich die Therapiemaßnahmen sind, aber am Ende schlägt das Herz des Patienten nicht mehr.

Mir gefällt ist diesem Zusammenhang der Begriff »Health Metrics«, den Christina Wodtke (2021: 204 ff.) verwendet. Da kann zum Beispiel die Teamgesundheit gemessen werden oder die Stabilität beziehungsweise Performance einer Website. Diese Gesundheitsmetriken komplementieren deine OKRs und laufen parallel. Meist sind sie sogenannte Lagging Indicators, das heißt wir sehen erst zeitverzögert ein Ergebnis und können darauf auch nur zeitverzögert Einfluss nehmen. Erstrebenswert sind Leading Indicators, in dem Fall nämlich genau der umgedrehte Fall: Es wird eine Metrik gewählt, die in der Zukunft eine Zahl beeinflussen wird. Sie wird dann unser Frühwarnsystem und erhöht die Wahrscheinlichkeit, dass wir rechtzeitig reagieren können. Auf diese Unterscheidung werden wir auch in Kapitel 5 noch einmal genauer eingehen.

Bei TESVOLT werden KPIs mit dem Armaturenbrett im Fahrzeug verglichen. Hier wird zum Beispiel im Blick gehalten, wie zufrieden die Mitarbeitenden sind oder wie stabil die Marge ist. Dabei weist Tjorven Niels Graßnick darauf hin, dass »beide Welten in jedem Unternehmen bestehen müssen, da es sonst Chaos gibt und man bei allem, was man neu entwickeln will, in die Gefahr läuft, dass der Tank wortwörtlich leerläuft.« Dazu passt auch die Erfahrung, die Doris Leinen (DB Systel) gemacht hat: »Mir begegnet ganz oft: Wenn du OKR machst, dann brauchst du keine KPIs. Und das ist schlichtweg falsch. Das ist ein großes Missverständnis.«

Mit OKR trainieren wir nicht nur unseren Fokusmuskel, sondern auch den Datenmuskel. Wir können keine Wunder von einem Tag auf den anderen erwarten, wir können uns aber durch eine Datendisziplin stetig verbessern. Ich bin davon überzeugt, je häufiger dieses Thema schon vor einer Einführung auf dem Radar ist, umso leichter wird es den Teams fallen, Erfolgshebel zu finden, die sie tatsächlich auch messen können.

4.4 OKRs einführen

Wie sieht die OKR-Einführung aus? Welche Varianten haben die interviewten Unternehmen gewählt? Was für Herausforderungen sind aufgetreten? In diesem Kapitel beschäftigen wir uns mit den weiteren Zutaten einer erfolgreichen Implementierung. Dabei bauen die Gedanken auf die vorangegangenen Aspekte zur Klarheit über das Warum, dem Big Picture und einer ersten Datenbasis auf. Es sind weitere Erfolgszutaten für unser Gericht, allerdings gibt es nur ein sehr vages Rezept. Ich vertraue in deine Kochfähigkeiten, diese Zutaten in ein für deine Organisation passendes Gericht umzuwandeln.

Gründe der Einführung

Bei der Vorstellung der unterschiedlichen Unternehmen habe wir schon einmal auf die Motivation geschaut und wenig überraschend sind diese sehr ähnlich: Fokus, Fokus, Fokus, insbesondere auf die Operationalisierung der Unternehmensstrategie. Das unterstreicht auch Timo Salzsieder (METRO.digital), der OKR bereits in mehreren Start-ups und mittelständischen Unternehmen eingeführt hat: »Die Ausgangssituation war in vielen Firmen ähnlich, wenn auch mit unterschiedlicher Absprungbasis. Teilweise war keine oder eine unklare Strategie definiert, Fokuspunkte waren nicht klar, ebenso keine vernünftigen Kennzahlen vorhanden. Das ist dann eine toxische Mischung. Mit OKR als Methodik lassen sich bereits nach zwei bis drei Zyklen bessere Ergebnisse sehen.«

Ähnlich sieht das Frauke von Polier (Viessmann), die die Gründe für die Einführung ebenfalls als die Klassischen beschreibt: »Umsetzung der Strategie, Fokus und insbesondere, wie kann echte crossfunktionale Zusammenarbeit aussehen. Die zentrale Frage war: Wie schwören wir die Teams auf die Strategie ein und OKR werden uns dabei helfen.«

Gleichzeitig stellt sich natürlich auch die Frage, ob auch bisherige Steuerungselemente abgeschafft werden. Diese beantwortet Frauke von Polier (Viessmann) so, dass »das klassische Projektmanagement und die damit verbundene Governance-Ebene abgelöst wurde.«

Es kommt also vor, dass man sich mit der Einführung von OKR von bestimmten bisherigen Prozessen verabschieden muss. Diesen Aspekt »Das machen wir nicht mehr« halte ich für eine sehr wichtige Botschaft, die bei der Einführung von OKR klar kommuniziert werden sollte. Das beschreibt Judith Altemark (BabyOne) zutreffend als »echten Game Changer, dass die Führungskräfte erkennen, dass sie nicht mehr am Zweijahresplan festhalten, weil die Steuerung jetzt über OKR erfolgt.«

Im Start-up-Kontext kann noch ein besonderer Faktor hinzukommen: Wachstumsschmerzen. Bei StackFuel als auch bei pentacor lag es nahe, für ein wachsendes Unternehmen rechtzeitig einen Rahmen zu schaffen, der genügend Freiheit und gleichzeitig Orientierung bietet. Christina Lerch (pentacor) berichtete: »Wir sind eine IT-Beratung und haben in unseren Kundenprojekten OKR bereits erlebt. Je mehr wir gewachsen sind, umso klarer wurde es, dass auch wir einen Rahmen brauchen, der uns hilft, uns gemeinsam auszurichten. Ab der Zahl von fünfzehn Mitarbeitenden war das für uns herausfordernd, ab zwanzig wurde es anstrengend.«

Hack: Was machen wir nicht mehr? / *Werdet euch im Rahmen der Einführung klar, welche Prozesse abgeschafft werden und kommuniziert transparent darüber.*

Varianten der Einführung

Kommen wir nun zur wichtigen Frage, wie OKRs am besten im Unternehmen eingeführt werden. Hier gibt es natürlich kein Patentrezept, weil die Art der Einführung stark kontextabhängig ist. Meines Erachtens ist das eine Risikoabwägung, welchen Weg ein Unternehmen einschlägt. Setze ich auf einen Big Bang – sprich einen unternehmensweiten Rollout und nehme dadurch alle Mitarbeitenden mit, überfordere gegebenenfalls aber die Organisation? Oder wähle ich ein Pilotteam, das bereits offen ist, neue Themen ausprobiert und einen direkten Nutzen für sich und die Kund:innen sieht? – Schauen wir uns an, wie einige der befragten Unternehmen dies gelöst haben:

1. Management-Pilot

Christina Lerch (pentacor) berichtet, dass zunächst mit den beiden Geschäftsführenden hypothetisch durchgespielt wurde, wie die Methode funktionieren könnte und »dann haben wir uns nach dem Zyklus gesagt: einfach mal machen, vielleicht wird es ja gut.«

2. Pilot in einem Team im Unternehmen

Oft wächst OKR auch aus einzelnen Unternehmensbereichen heraus, beispielsweise aus Transformation Teams. Dies war bei der EDAG der Fall: »Wir haben zu viert im Agile Transition Team angefangen und haben das Thema aus uns herausgetrieben. So sind wir von vier auf zweihundert Mitarbeitende im ersten Jahr gekommen und haben unseren CEO auf die Reise mitgenommen. Er ist sehr offen und unterstützt uns.« (Stefan Friedrich, EDAG)

3. Pilot in mehreren Teams (vertikaler Schnitt)

METRO.digital führte OKR ebenfalls über den Pilotteam-Ansatz ein, allerdings gleich mit mehreren Teams, um auch die crossfunktionale Zusammenarbeit zu verbessern. Zwetomir Karagaschki (METRO.digital) berichtet dazu: »Wir haben im Sommer 2017 einen Aufruf gestartet und haben freiwillige OKR-Master gesucht. Das waren ungefähr fünfundzwanzig Personen, die dann in Trainings fit gemacht wurden. Anschließend sind wir in den ersten Zyklus mit zehn ›freiwillig nominierten Teams‹ gestartet. Freiwillig nominiert, weil wir Teams ausgewählt haben, die schon einen gewissen Reifegrad an Agilität vorweisen konnten. Danach ging es schnell und wir haben in den kommenden anderthalb Jahren alle zweihundert Teams an Bord geholt.«

4. Pilot in mehreren Führungsteams (horizontaler Schnitt)

Je nach Unternehmensgröße kann sich auch die Dauer der Implementierung unterscheiden. Bereits 2016/17 haben sich die ersten Teams bei SAP mit OKRs ausprobiert. Im Jahr 2019 starteten bei SAP S/4HANA die ersten Piloten mit starker Unterstützung des Senior Managements. »Innerhalb kürzester Zeit waren dann auch einhundert Teams an Bord« berichten Lin Liu und Stefanie Junghans (SAP). »Im Rahmen des Piloten konnten alle Mitarbeitenden innerhalb der SAP S/4HANA-Organisation im Sinne eines Opt-ins freiwillig mitmachen. Im November 2020 haben wir die Pilotphase abgeschlossen und den breiteren Rollout in der Organisation gestartet. Wir glauben, der Prozess ist jetzt so verankert, dass wir die nächsten Schritte gehen können.«

Zusätzlich sind noch weitere Szenarien oder auch nach dem Baukastenprinzip verschiedene Kombinationen dieser möglich:

- OKR for all: Unternehmensweite Einführung zum ersten Zyklus,
- Schwerpunktziel: Alle Bereiche und Teams tragen zu einem strategischen Ziel pro Zyklus bei. Dabei erlernen sie die OKR-Methodik kennen,
- Der Buffet-Ansatz: OKR wird als Methode den Mitarbeitenden, zum Beispiel in Weiterbildungsprogrammen angeboten. Sie suchen sich damit vom Buffet aus, was ihnen schmeckt und zu ihnen passen könnte.

Die OKR-Reifegrad-Matrix

Darüber hinaus halte ich es für sinnvoll, den Reifegrad der Organisation hinsichtlich der Experimentierfreude und der Autonomie in der Problemlösung für die Kund:innen zu reflektieren. Dazu nutze ich gerne folgende Matrix in Form einer Landkarte. Dabei geht es nicht darum, Teams und Organisationseinheiten in eine Schublade zu stecken, sondern vielmehr soll eine Diskussionsgrundlage geschaffen werden:

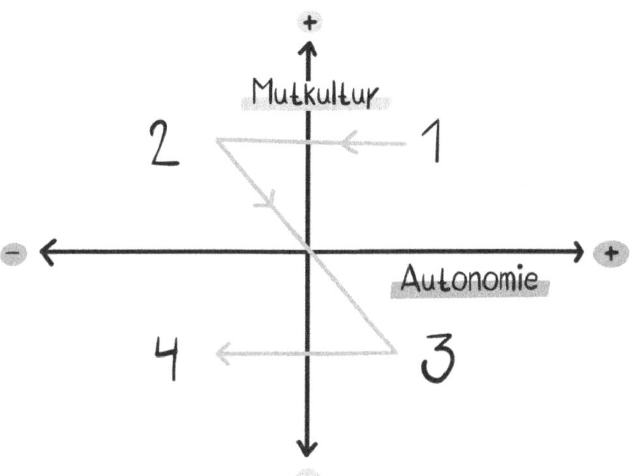

Die vertikale Achse beschreibt die Mutkultur, sprich die Experimentier- und Lernbereitschaft. Wie offen gehen die Mitarbeitenden in den Teams mit Fehlern um? Wie dateninformiert arbeiten sie bereits? Wie anpassungsfähig sind sie in ihrer Arbeitsweise? Oder wie im Umkehrschluss: Muss ich mit großem Widerstand rechnen, wenn ich mit OKR um die Ecke komme? Die horizontale Achse zeigt den Grad der Autonomie der Einheiten hinsichtlich der Möglichkeiten, tatsächlich Kundenprobleme lösen zu können. Damit meine ich das Spannungsfeld, dass manche Bereiche nicht selbstständig entscheiden können oder dürfen, welche der Probleme zum Wohle der Kund:innen gelöst werden sollen. Erfahrungsgemäß haben nicht alle Teams den gleichen Grad an Autonomie. Das muss dich nicht an einer OKR-Einführung hindern, allerdings empfehle ich, dies zu reflektieren.

Die OKR-Reifegrad-Matrix

Sammle die möglichen Teams beziehungsweise Einheiten in einer Liste. Ordne diese dann den jeweiligen Feldern zu:

1 = Hohe Mutkultur und hohe Autonomie.

2 = Hohe Mutkultur und niedrige Autonomie.

3 = Niedrige Mutkultur und hohe Autonomie.

4 = Niedrige Mutkultur und niedrige Autonomie.

Die Reihenfolge gibt dir die Empfehlung für die Auswahl entsprechender Pilotteams. Für die Teams oder Einheiten in den Feldern drei und vier kannst du überlegen, wie du diese an den Erkenntnissen aus den Testrunden mit den Teams aus den Feldern eins und zwei teilhaben lässt.

Die Dosis macht's

Trotz aller Reflexion über mögliche Implementierungsformen hinsichtlich des Reifegrads der eigenen Organisation, treten selbstverständlich auch Hindernisse auf dem Weg zu OKR auf. Einige Aspekte, wie ein bewusstes Erwartungsmanagement, eine klare Kommunikation sowie die proaktive Steuerung einer möglicherweise auftretenden Methodendiskussion, haben wir bereits in Kapitel 3 erörtert. Für weitere Schmerzen, die in der Einführung auftreten können, möchte ich dir ein paar Pillen an die Hand geben.

Aber Achtung: Nicht alle auf einmal einwerfen. Denn genau das kann mitunter ein Problem werden. Denis Liggeri (StepStone) stellt deshalb offen die Frage: »Was ist gut für jetzt?« Weiter erzählt er, dass er es wichtig finde, das Team mitzunehmen. Denis hat bereits selbst OKR in einem Start-up eingeführt und bringt zusätzliche Erfahrung als OKR-Coach mit. In seiner aktuellen Rolle als Product Manager bringe er dieses Wissen ein und bremse sich mitunter. »Ich überlege mir eine Definition of Done. Welches nächste OKR-Level will ich mit dem Team erreichen? Und da kann es auch für die ersten Iterationen sein, dass Output statt Outcome für uns völlig okay ist.«

Um diesen Lernprozess zu unterstützen, kann es sehr hilfreich sein, relevante Trainingsmaterialien bereitzustellen. Darauf weisen sowohl Lin Liu und Stephanie

Junghans (SAP) als auch Daniel Schönheim (Eurowings) hin. Letzterer hebt dazu explizit die Kombination aus E-Learning, Präsenzschulung und Zertifikat hervor. Das helfe, eine gemeinsame Terminologie zu schaffen.

Und auch wenn keinerlei Trainingsbudget zur Verfügung steht, lässt sich zumindest die Befähigung der Mitarbeitenden kuratieren, zum Beispiel über die bewusste Zusammenstellung im Internet freizugänglicher Materialien. Auch hier zählt: Viel hilft nicht immer viel.

Der Großteil der befragten Unternehmen hat sich zu unterschiedlichen Zeitpunkten externe Hilfe geholt. Ob Mitarbeitende an einem offenen OKR-Training teilnahmen, oder eine Beratungsfirma die Führungskräfte und Teams begleitete, die Möglichkeiten sind vielfältig. Gerade externe Berater:innen können es mitunter schwer haben. Judith Braun (Deutsche Telekom) empfiehlt deshalb: »Suche dir schon zu Beginn die Unterstützung und/oder Kontakte aus deiner Branche. Das erhöht die Glaubwürdigkeit – die Street Credibility.«

Vernetzung und Austausch über das eigene Unternehmen hinaus kann insbesondere für den OKR-Champion und die ORK-Coaches sehr hilfreich sein, da ihre Funktionen nicht nur in der Implementierungsphase, sondern auch im OKR-Lebenszyklus von besonderer Bedeutung sind.

OKR-Champion

Unter dem OKR-Champion (andere verwendete Bezeichnungen: OKR-Verantwortliche, Prozessverantwortliche) verstehe ich eine Person aus dem Unternehmen, die den Prozess mit Leidenschaft und Durchhaltemögen steuert. Dies hilft, die Klaviatur von Prozessgestalter:in, Moderator:in, Wissensvermittler:in und Change Agent passend zu bespielen und die Organisation auf einen gemeinsamen Rhythmus einzustimmen.

Nicht immer wird die Rolle klar besetzt und die Erwartungen an diese klar herausgearbeitet. Das fällt dann meistens on the fly auf. Tjorven Niels Graßnick (TESVOLT) beschreibt, wie wichtig es sei, diese Stelle auch einzuplanen. Rückblickend hält auch Alexander Trampisch

(SwissCommerce Group) fest, dass er viel früher eine Person hätte einsetzen sollen, die im besten Fall direkt an die Geschäftsführung berichtet und sich auch um den administrativen Teil des Prozesses kümmert. Weiter erzählt er: »Da braucht es eine intensive Kommunikation in die Führungsebenen hinein, damit nicht auch OKR zu einer Pflichtübung verkommt.«

Das wirft auch die Frage auf, wer denn eigentlich den OKR-Prozess verantwortet. Hier ist eine klare Tendenz wahrzunehmen:

1. Geschäftsführung
2. HR oder
3. Teams wie »Agile Transformation« oder »Continous Improvement«.

Meist wird aus einem der letztgenannten Teams auch ein OKR-Champion definiert, entweder indem die Rolle zugeteilt wird oder die Person sich die Aufgabe selbst nimmt. Neben einer Person, die den OKR-Prozess verantwortet (in der Regel der OKR-Champion) empfiehlt es sich, gleich zu Beginn das OKR-Wissen und die Begeisterung auf mehrere Köpfe zu verteilen. Die OKR-Master und -Coaches kommen dieser Aufgabe im Rahmen ihrer eigentlichen Tätigkeit nach. Dabei schwankt die Zahl je nach Implementierungsvorhaben. Beispielsweise startete TESVOLT mit vier Personen bei einhundertzwanzig Mitarbeitenden, die METRO.digital 2017 initial mit etwa fünfundzwanzig Coaches für tausend Personen. Heute ist unsere Community bei der METRO.digital auf ungefähr fünfzig Coaches angewachsen. Media Impact ist über die letzten drei Jahre zu einer Community von circa fünfundzwanzig aktiven OKR-Coaches gewachsen für die ungefähr dreihundertfünfzig Mitarbeitenden.

Die Rolle des OKR-Champions und von OKR- Coaches wird sehr unterschiedlich gelebt. Auf Basis der Good Practices, die mir in den letzten Jahren begegnet sind, empfehle ich folgendes Set-up:

Erstens: Ein OKR-Champion – quasi die Wissensquelle im Unternehmen, Anlaufstation, ein Prozessverantwortlicher, gute Reputation bei der Führungsmannschaft, Leidenschaft und Durchhaltevermögen.

Zweitens: Drei bis sechs OKR-Master oder OKR-Coaches, die alle aus unterschiedlichen Bereichen kommen und sich freiwillig melden. Diese fühlen den Puls in der Organisation und tragen dazu bei, dass der Nutzen verstanden wird, die OKR-Sets qualitativ besser werden, und der Check-in nicht zum Statusmeeting verkommt. Sie begleiten und befähigen, sind allerdings nicht für die OKRs verantwortlich. Die Verantwortung liegt je nach Organisation direkt in den Teams oder bei der Führungskraft. Sie unterstützen insbesondere die Teams in Workshops zur Planung und Abstimmung von OKRs.

Drittens: Der OKR-Champion und die Coaches bilden sich eine virtuelle Community, deren Zweck darin besteht, zu schauen, was die Organisation an kuratierten Informations- und Lernmaterialien benötigt. Ebenfalls identifizieren sie systemische Hürden und überlegen, wie diese überwunden werden können. Diese Community sollte sich im ersten Zyklus idealerweise alle zwei Wochen abstimmen und monatlich die Hindernisse mit einem Sponsor(-team) reflektieren.

Der Aufbau einer Community kann durch regelmäßige Angebote unterstützt werden. Im besten Fall entsteht eine Sogwirkung in der Organisation, sodass Menschen hineinschnuppern möchten. Durch einfach zugängliche Angebote kann die Eintrittsschwelle niedrig gehalten werden, beispielsweise mit Formaten wie »Office Hours« oder »Ask Me Anything« als eine Art offene Sprechstunde für Mitarbeitenden, aber auch die Möglichkeit, über ein Shadowing als stille Zuhörer:in zum Beispiel an OKR-Workshop teilzunehmen. Stefan Friedrich (EDAG) berichtet davon, wie es geholfen habe, den Menschen die Möglichkeit zu geben, es selbst zu erleben, wie »über Shadowing, also mal mitgehen und beobachten. Das ging viral und wir haben dadurch Botschafter:innen gewonnen. Mittlerweile ist das sogar auf andere Standorte übergesprungen.«

Weiter sollte die OKR-Community die bereits erwähnte Methodendiskussion nicht befeuern, sondern besser aktiv steuern, durch das Schaffen einer gemeinsamen OKR-Sprache für das Unternehmen. In diesem Zusammenhang gefällt mir besonders der Begriff »OKR-Architekt:in« gut, den ich bei Judith Braun (Deutsche Telekom) kennenlernte: »Deshalb bezeichne ich mich da gerne auch als OKR- Architektin. Es geht um Gestaltung und Anpassung und eben nicht darum, die eine im Internet gelesene Version einfach so umzusetzen.«

In meinen Interviews habe ich bei meinen Gesprächspartner:innen eine tiefe Leidenschaft und Begeisterung für OKR spüren können. Judith Altemark (BabyOne) wies explizit darauf hin, wie wichtig es ist, dass eine Person das Thema treibt, der die Organisation authentisch abnimmt, dass wir mit OKR unsere Wirkung erhöhen. Doch Begeisterung entsteht nicht auf Knopfdruck. Meist entsteht diese, wenn Neugierde und Energie auf das richtige Momentum in der Organisation treffen. Nicht jedes Team versteht die Rolle des OKR-Coaches von Beginn. Das birgt die Gefahr, dass die Aufgabe auf das Einstellen von Terminen zu OKR-Workshops oder das Eintragen von Fortschritt in ein OKR-Tool reduziert wird.

Insbesondere zu OKR-Tools möchte ich den Aspekt des Rampenlichts aus Kapitel 3 noch einmal aufgreifen. Die Verantwortlichkeit für das Setzen und Umsetzen der OKR-Sets liegt nicht beim OKR-Champion oder den -Coaches. Das bedeutet, dass jedes Objective und jedes Key Result eine Hütchenträger:in haben sollte. Deren Aufgabe ist es, den Fortschritt transparent zu machen. Je mehr ein Coach solche Aufgaben abnimmt, desto eher füllt dieser ein Vakuum, das eigentlich jemand auf der Anwenderebene in der Organisation wahrnehmen sollte. Deshalb auch mein eindringlicher Appell an all Coaches: Führt Regie, seid die Stage Hands, kümmert euch um das Umfeld und macht eure Leute fit für deren Auftritt.

Software

Während der Einführungsphase beschäftigen sich viele Organisationen meines Erachtens zu früh und zu ausgiebig mit einem möglichen OKR-Softwaretool. Das Gros der Interviewten sang hierzu einstimmig im Chor: Das Tool ist sekundär.

Für Daniel Schönheim (Eurowings) ist dies eine wichtige Erkenntnis, die er anderen mit auf den Weg geben möchte: »Man sollte sich nicht an einer Software verbeißen und der Plattform zu viel Raum geben. Das kann Menschen von dem, um das es eigentlich geht, ablenken. Unsere erste Idee war, Microsoft Power BI zu nutzen, sind dann aber schnell zu Microsoft Planner zurückgekehrt.«

Das Tool sollte in erster Linie die Menschen und den Prozess unterstützen. Dabei geht es insbesondere um Transparenz. Die Mitarbeitenden haben in der Regel schon genug zu tun, den Nutzen von OKR, das methodische Herangehen und die Prozesselemente zu lernen, dann braucht es nicht noch ein komplexes Tool, das womöglich dann zur Überforderung führt. Deshalb lautet meine Empfehlung für die erste Iteration, bewusst eine dieser drei reduzierten Möglichkeiten zu wählen:

1. Papier und Stift: An einer für alle zugänglichen Wand über Haftnotizen, die OKR-Sets transparent machen,
2. eine geteilte Tabelle im Intranet,
3. ein digitales Whiteboard ebenfalls für alle vom Azubi bis CEO zugänglich.

Je sicherer die Organisation in der eigentlichen Methodik wird, umso einfacher ist es meist, mit einem OKR-Tool nachzusteuern. Dazu gibt es auf dem Markt viele Softwareanbieter.

Hinweis: In der digitalen Playbox findest du eine Liste an OKR-Tools und einige Fragen, die du dir bei der Anbieterauswahl stellen kannst.

4.5 Der OKR-Zyklus

Der OKR-Zyklus ist der Herzschlag der Organisation und dieser Muskel der Routine gilt, regelmäßig bewegt zu werden. Mit ihm steht und fällt der Erfolg von OKR. Die

Eckpfeiler des Zyklus sind in der Regel ein festes Set an Workshops, die helfen, die Teams und die Organisation in einen gemeinsamen Rhythmus zu bringen. Sie sind der wesentliche Unterschied und die relevante Weiterentwicklung anderer Zielsetzungssysteme wie Management by Objectives (MbO).

Wenn du jetzt denkst: »Nicht noch ein Meeting!«, sei beruhigt. Es müssen nicht immer synchrone Formate sein, auch in asynchroner Arbeitsweise kann transparent an Zielen gearbeitet werden, wie wir im weiteren Verlauf des Buches noch sehen werden. Die folgenden sieben Eckpfeiler des OKR-Zyklus werden zwar linear dargestellt, sollten aber als lebendiges System betrachtet werden. Mit jedem Planungs- und Abstimmungsmoment geht meist auch ein Erkenntnisgewinn einher. Diese entstehende Dynamik kann nicht vorab gemanaget, sondern muss vielmehr orchestriert werden. Das Planning und Alignment kann sich daher mitunter wie eine großen Jazzcombo anfühlen. Den verschiedenen Facetten werden wir uns im zweiten Teil des Buches widmen.

Die sieben Schritte des OKR-Zyklus im Überblick:

1. Kontext / *Teilen der strategischen Prioritäten für den kommenden Zyklus aus Unternehmens-, Bereichs- und Teamebene.*

2. Review and Retrospective / *Auswertung des laufenden Zyklus: Was haben wir wie erreicht?*

3. Planning / *Schreiben (drafting) der OKR-Sets auf allen Ebenen. Dies erfolgt zeitversetzt, sodass sich die Teams an den Prioritäten und Zielen orientieren können.*

4. Alignment / *Das Abstimmen der OKR-Sets innerhalb der Organisation. Transparent machen der Abhängigkeiten und abschließend (Selbst-) Verpflichtung die gesetzten Ziele bestmöglich umzusetzen (commitment).*

5. Planning / *Anpassen der Ziele nach dem Alignment und Operationalisierung in Aktivitäten.*

6. Startschuss / *Spätestens zum Start des Zyklus sind die OKR-Sets transparent für alle in der Organisation.*

7. Check-in / *(Zwei-) Wöchentliches Prüfen des Fortschritts auf allen Ebenen, oft integriert in existierende Meetings.*

Im Anschluss erfolgt dann wieder Schritt 1. Dieses OKR-Work-out wird alle drei Monate durchgeführt.

Mitunter kann es für eine Organisation hilfreich sein, über mittelfristige Ziele wie Paul Niven und Ben Lamorte (2016) beschreiben in einer »Dual Cadence« zu arbeiten. Dies bedeutet, mithilfe eines Ein- bis Zweijahresziels (in der Regel ohne Key Results) die strategischen Richtungen greifbarer zu machen. Je nach Größe und Reifegrad der Organisation kann dies im Laufe des Prozesses zusätzliche Orientierung geben. Für diese Ziele wird gerne der Begriff MOALS (Midterm Goals) verwendet.

In der Theorie dauert ein OKR-Zyklus drei Monate. In meinen Interviews sind mir OKR-Zyklen von sechs Wochen bis sechs Monaten begegnet, wobei der Großteil der Unternehmen sich auf einen Rhythmus zwischen drei bis vier Monaten einpendelt. Es kann sehr sinnvoll sein, die Länge der Iteration anzupassen, um beispielsweise die relevanten Personen in den Abstimmungen dabei zu haben. Judith Braun (Deutsche Telekom) beschreibt dies wie folgt: »Unsere Zyklen enden mit dem Beginn der Osterferien, Sommerferien und Weihnachtsferien. Und das macht absolut Sinn, weil in der Hardcore-Planungsphase willst du ja möglichst viele Menschen dahaben.« Diese Erfahrung teilen auch Lin Liu und Stefanie Junghans (SAP), die ebenfalls auf Tertiale umgestiegen sind, um als internationales Unternehmen auch die unterschiedlichsten Feiertage von Chinese New Year bis hin zu Thanksgiving zu berücksichtigen. »Wir haben gelernt, dass die Mitarbeitenden durch unterschiedliche Abwesenheiten etwas mehr Zeit brauchen, an den Zielen zu arbeiten und das planen wir jetzt mit ein.« (Stefanie Junghans, SAP)

Media Impact und pentacor wählten ebenfalls Tertiale, nutzen davon aber einen Monat als Planungs- und Abstimmungsphase, in denen die Teams dann ausreichend Zeit parallel zum Projektgeschäft haben, ihre OKR-Sets für den kommenden Zyklus zu planen. Julia Ries (Media Impact) erzählt, dass sie dafür den Begriff »Season Break« verwenden.

Eine weitere Facette wird im Berliner Start-up StackFuel gelebt. Dort hat man sich für eine Zyklus-Länge von sechs

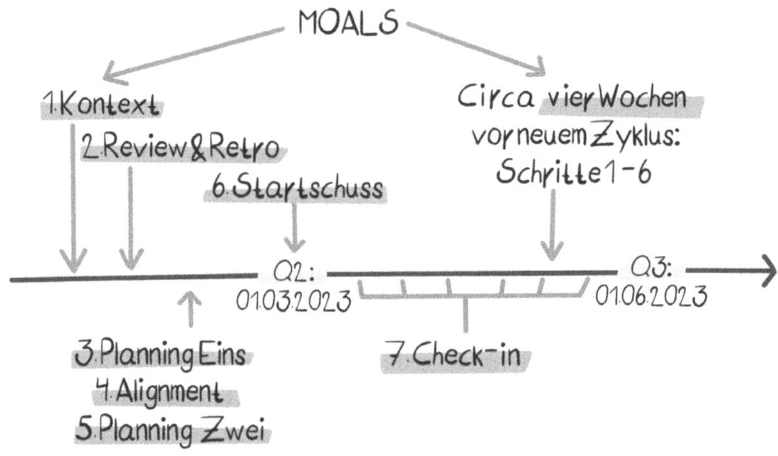

Wochen entschieden. Den Grund erläutert Ginesh Koottakara (StackFuel): »Wir brauchen die kurzen Lernschleifen, um schnell reagieren und besser werden zu können. Alles andere wäre in unserem jetzigen Kontext viel zu langsam. Wir wollen schnell sehen, wie OKR funktioniert und werden dann vielleicht den Zyklus verlängern.«

Plan – execute – learn – repeat

Ob Einführungsvariante oder Zykluslänge, wichtig ist, OKR als ganzheitliches Rahmenwerk zu sehen, das du auf deinen Kontext anpassen solltest. Die wichtigsten Faktoren hast du im ersten Teil des Buches kennengelernt:

- Klarheit über den Nutzen von OKR hilft dir, wirkungsvoll zu kommunizieren.
- Befähige die OKR-Akteure, ins Rampenlicht zu treten und baue eine robuste Community auf, die Methodendiskussionen bewusst steuert, anstatt sie zu befeuern.
- Das Big Picture bestehend aus Vision, Mission und der Strategie als Richtungsweiser.
- Auf einer Datenbasis und einem Datengrundverständnis kannst du mit OKR schneller Fuß fassen. Die Samen sind gesät. Das Daten-Mindset kann wachsen.
- Entwickle deine Einführungsvariante. Du entscheidest, was zu deinem Kontext passt.

Mit dem ersten Teil schließen wir damit auch die Erkundung der Umfeld- und Erfolgsfaktoren ab und machen uns auf an den Ort, in dem die Wertschöpfung für Kund:innen entsteht. Stell dir vor, du betreibst ein Restaurant. Du hast alle notwendige Vorarbeit geleistet. Es ist eingekauft, die Erkenntnisse der letzten Abende ausgewertet und deine Küchencrew für die heutige Iteration steht in den Startlöchern. Jetzt ist Showtime, und zwar in deiner Küche! Und wenn du dich jetzt fragst, was das mit OKR zu tun hat: Das schauen wir uns im zweiten Teil des Buches gemeinsam an.

Konkret machen: Eckpunkte für Klarheit

»Many people think they lack motivation when what they really lack is clarity.«

James Clear, Autor

In diesem Kapitel werden wir uns damit beschäftigen, was konkret in unserer OKR-Küche passiert: Wie organisieren wir uns? Wie bereiten wir unsere OKR-Sets vor? Wie messen wir, inwiefern wir erfolgreich sind? All die Dinge, die unsere Gäste meist nicht sehen, allerdings fühlen, nämlich dann, wenn die Zahnräder ineinandergreifen.

Wir schauen speziell, wie das Andocken an die strategischen Richtungen funktioniert. Wo kommt der Input her? Wie wird priorisiert? Dabei sollten wir uns vor Augen halten, wie schwierig es ist, aus minderwertigen Zutaten ein hochkarätiges Gericht zu kochen. Mit anderen Worten, wir sollten das Prinzip »Shit in, Shit out« im Hinterkopf behalten. Das ist immens wichtig, denn ein schlechtes OKR-Set kann dich während des Zyklus viele Nerven kosten. Noch gravierendere Auswirkungen kann es haben, wenn dies ein »schlechtes« Unternehmensziel ist und zahlreiche Teams darauf einzahlen sollen. Das bedeutet nicht, dass du ein perfektes OKR-Set schreiben musst. Es reicht eines, das gerade genug Rahmen und Orientierung gibt. Ich halte es hier gerne mit den Worten des Philosophen Voltaire: »The best is the enemy of the good.« Neben dem Schreiben von OKRs (auch Drafting genannt) werfen wir zum Abschluss des fünften Kapitels noch einen Blick auf die Kaskadierung von OKRs über verschiedene Ebenen und Organisationseinheiten und wie diese die OKR-Architektur beeinflussen.

5.1 Andocken an die strategischen Richtungen

In seinem lesenswerten Buch »Essentialism: The Disciplined Pursuit of Less.« beschreibt Greg McKeown (2014: 20) wie in der englischen Sprache das Wort »Priorität« seit dem neunzehnten Jahrhundert immer häufiger im Plural verwendet wird. Ursprünglich handelte es sich bei

Priorität um »the very first or prior thing«. Dies deckt sich auch mit der Bedeutung, die im Duden vorzufinden ist. Dort wird die Priorität als Erstrangigkeit beschrieben. Heutzutage finden wir in Unternehmen viele Prioritäten, meist so viele, dass die Mitarbeitenden diese kaum alle benennen können. OKR kann und will euren Organisationen und euren Teams helfen, ihre Prioritäten zu finden und sich auf das Wenige zu fokussieren, was wirklich wichtig ist. Die Frage ist, wie findet ein Team oder eine Organisation das heraus? Ganz einfach: indem sie in die Schuhe der Kund:innen schlüpfen. Viel zu oft vergessen wir, (meist korrelierend mit der Unternehmensgröße) wer unsere Gehälter bezahlt.

OKR hilft uns, insbesondere über die Limitierung der OKR-Sets einen klaren Fokus in der Organisation zu setzen. Christina Wodtke (2021: 225) beschreibt dies in ihrem Buch mit dem passenden Titel »Radical Focus«, dass dies erreicht wird, indem sich eine Organisation ein Objective mit drei Key Results setze. Was bei einer derartigen Beschränkung klar wird: Es geht gar nicht allein um die Entscheidung, was wir tun, sondern vor allem auch um das, was wir nicht tun. Es ist ein bewusstes »Nein sagen« zu unendlich vielen Möglichkeiten. Was passiert, wenn wir das nicht tun, ist ganz einfach nachzurechnen. Stelle dir ein Unternehmen mit neun Teams vor. Das Unternehmen entscheidet sich für ein übergreifendes Objective mit drei andockenden Key Results. Wenn nun jedes Team mit jeweils einem Objective und ebenfalls drei Key Results an eines der Unternehmens-Key-Results andockt, wird schon an siebenundzwanzig Key Results in den Teams parallel gearbeitet.

Würde sich die Geschäftsführungsebene entscheiden, mit drei Objectives mit je drei Key Results ins Rennen zu gehen und würden sich die neun Teams ebenfalls daran orientieren, dann wären das in der Summe schon einundachtzig Key Results, die es im besten Fall alle zu erreichen gilt. Ob an siebenundzwanzig oder einundachtzig Key Results gearbeitet wird, ist ein gewaltiger Unterschied.

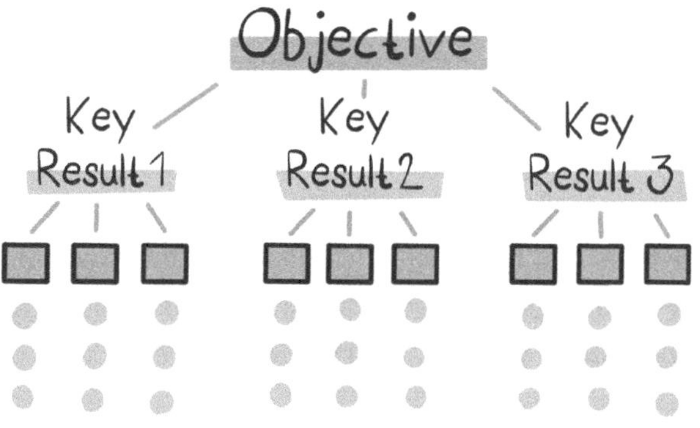

OKR soll uns regelmäßig daran erinnern, was unsere Aufmerksamkeit und Zeit wirklich verdient. Wenn alles wichtig zu sein scheint, ist am Ende nichts mehr wichtig.

Hack: Die Not-to-do-Liste / *Die Not-to-do-Liste ist eine bewusste Auseinandersetzung mit Dingen, die wir nicht mehr oder nicht jetzt tun wollen. Die Idee: Je mehr Themen wird auf diese Liste packen, umso klarer sehen wir, welchen Themen wir unsere Aufmerksamkeit schenken möchten.*

Welchen Input gibt es noch, der mir hilft, meine Priorität zu finden?

Bereits in Kapitel 4 haben wir mit dem Big Picture, mindestens bestehend aus Vision, Mission und strategischen Richtungen, eine zentrale Quelle der Inspiration für die Quartalsziele besprochen. Dies wird auch von den Befragten als DER Wegweiser empfunden. Judith Braun (Deutsche Telekom) beschreibt: »Wir haben den Vorteil als Unternehmenskommunikation, dass wir sehr nah an der Unternehmensstrategie dran sind. Aus dieser leiten wir eine Kommunikationsstrategie ab und diese gibt uns Input für den Zyklus. Ebenfalls einigen wir uns auf konkrete strategische Schwerpunkt-Themen je Zyklus, die einen besonderen Impuls für jedes Cluster setzen sollen.« Ähnlich läuft es auch bei SwissCommerce Group ab. Alexander Trampisch erzählt, dass sie ein Fokusthema für den Zyklus wählen, wie beispielsweise »Verkaufen aus Leidenschaft« oder »GreenGORILLA (Nachhaltigkeitsprojekt)«. Die Ausrichtung der Organisation durch ein Quartalsmotto oder »Theme« kann insbesondere dann helfen, wenn in einem bestimmten Feld oder für eine spezifische Kund:innengruppe schnell eine Verbesserung erzielt werden soll. Dieses Vorgehen gibt dem OKR-Zyklus eine Überschrift und damit eine Priorität.

Das Big Picture des Unternehmens stellt eine wesentliche, aber nicht die einzige Quelle der Inspiration zur Identifizierung der Priorität dar. Im Folgenden eine Liste mit möglichen Ressourcen, die keinen Anspruch auf Vollständigkeit erhebt:

- Mittelfristige Ziele des Unternehmens, des Bereichs oder des Teams (MOALS);
- OKR-Set des Unternehmens für den anstehenden OKR-Zyklus;
- eigenen OKR-Sets aus dem vergangenen Zyklus, die entweder noch nicht erreicht wurden oder aus denen sich neue Lernfelder ergeben könnten;
- die OKR-Sets anderer Teams und Bereiche, wenn dadurch gemeinsam etwas Größeres geschafft werden könnte.
- Das Dashboard: Welche Zahl kann im kommenden Zyklus verbessert werden?
- Die Produktvision und -strategie;
- Erkenntnisse, wie beispielsweise Probleme und Bedürfnisse von Kund:innen, beispielsweise aus Befragungen, Feedback und Beobachtungen.

Die regelmäßige Exploration dieser Dimensionen sowie das Festhalten der Beobachtungen und Erkenntnisse sind die ersten Schritte zu mehr Klarheit. Im letzten Drittel eines laufenden OKR-Zyklus sollte sich vorbereitend mit diesen Themen auseinandergesetzt werden. In der Praxis habe ich mit Teams die Erkenntnisse meist auf einem digitalen Whiteboard gesammelt und als Vorbereitung für das OKR-Planning auf die Themen geschaut. Diese haben wir dann geclustert und zu gesammelten Überschriften abgestimmt. Um der Abstimmung mehr »Wert« zu verleihen, bekam jedes Teammitglied einen bestimmten Betrag an Spielgeld. Dieses durften die Teilnehmenden dann auf dem Whiteboard verteilen. Dabei erinnerte ich sie daran, worum es hier geht: »Wenn es deine Firma wäre, was sollten wir im Sinne unserer Kund:innen priorisieren?«

Einen weiteren Ansatz beschreibt Tjorven Niels Graßnick (TESVOLT): »Wir arbeiten mit sich selbststeuernden Teams sowie drei Boards für die Koordinierung teamübergreifender Themen (Produkte, Vision and Strategy sowie Personal and agile Organisation). Im Rahmen von OKRs entwickelt das Vision-and-Strategy-Board, in welchem auch unsere Gründer vertreten sind, einen Entwurf für Company OKR-Sets. Dabei wird zuerst Feedback aus den Teams eingeholt, dann die OKR-Sets geschrieben und noch einmal Feedback eingeholt.« Damit unterstreicht er einen wichtigen Aspekt: Feedback. Unabhängig davon, wie die Organisationsstruktur des Unternehmens ist, können und sollten wir uns frühzeitig Rückmeldung einholen.

Zwei Ideen für die Praxis

1. Brainwriting: Der bereits in Kapitel 4 vorgestellte Ansatz »BigPic« wird als Referenzrahmen für ein asynchrones Brainwriting verwendet. Die Vorlage wird auf ein (digitales) Whiteboard übertragen und sogleich mit der erstellten Vision, Mission und den strategischen Richtungen gefüllt. Die Teilnehmenden werden gebeten, innerhalb einer Woche zu lösende Probleme der Kund:innen und Nutzer:innen auf dem Board einzutragen und direkt zu gruppieren. Dabei sollen sie sich an den sich ergebenden Clustern orientieren, allerdings nicht verbeißen. Unter Umständen verbirgt sich in diesen Beobachtungen ein unterschätztes Problem, das es in Zukunft wert zu lösen wäre. Nach einer Woche haben die Teilnehmenden zwei Tage Zeit, die Probleme zu kommentieren. Auf Basis der geleisteten Vorarbeit findet dann ein synchrones Bewertungs- und Entscheidungsmeeting statt. Ich habe mit dieser Kombination an asynchronen und synchronen Elementen gute Erfahrungen gemacht, da diese die tatsächlichen Workshop-Zeiten reduzieren, und auch das Sammeln und Bewerten von Problemen besser voneinander trennt. Selbstverständlich setzt dies eine Vorbereitung der Teilnehmenden voraus. Diese Disziplin lässt sich mit der Zeit erwirken, indem das Prinzip »Nichts sagen, heißt Zustimmung« angewandt wird.

2. Erkunden der Strategiefelder: Thorsten Ziegler (DB Systel) machte mit Strategiefeldern als visuelle Unterstützung im Rahmen eines virtuellen OKR-Plannings mit zwanzig Teilnehmenden gute Erfahrungen. »Der durch das Strategiefeld aufgespannte Raum ermöglichte es uns ebenfalls, ähnlich zur Methode der Aufstellung, durch Nähe und Distanz zwischen den Karten über Relationen zwischen MOALS, Objectives und Key Results zu sprechen. Das hatte einen spürbar positiven Effekt auf die Dialogqualität im Ringen um das richtige OKR-Set.«, berichtet er.

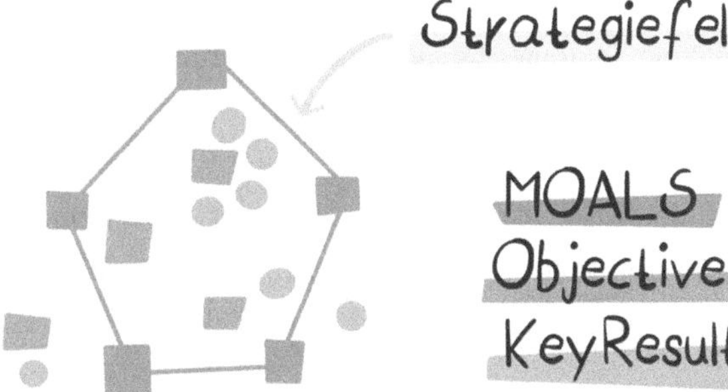

Das OKR-Set

Zu Beginn des Kapitels haben wir bereits in einem Rechenbeispiel auf die Anzahl der OKR-Sets und deren Auswirkung auf das Thema »Fokus« geschaut. Meine Empfehlung an Teams und Organisationen lautet: Weniger, dafür besser. Gerade in den ersten OKR-Zyklen neigen Teams dazu, sich zu viel zuzumuten. Das kann überfordern und manchmal gar frustrieren.

Ein paar Beispiele der Interviewten aus den befragten Unternehmen, welche Anzahl an OKR-Sets zu ihrer OKR-Architektur und ihrem Unternehmenskontext passen: »Wir folgen dem 5×4-Ansatz, sprich fünf Objectives mit jeweils maximal vier Key Results auf Unternehmensebene. Das bedeutet maximal zwanzig Key Results, gerne auch weniger, um den Fokus zu setzen. Die Teams leiten ihre Ziele direkt ab und sollen mit ungefähr fünfzig Prozent ihrer gesetzten Team OKRs auf die Unternehmensziele einzahlen.« (Tjorven Niels Graßnick, TESVOLT)

»Wir arbeiten mit Empfehlungen und nicht mit Regeln. Unsere Teams können am besten einschätzen, was für sie passt. Der für uns sinnvolle Rahmen lautet 3×3, sprich drei Objectives mit jeweils drei Key Results.« (Paul Rodoreda, Haufe Talent)

»Wir fahren mit 3×3 gut. Ich habe mir das zu Herzen genommen, das gleich zu reduzieren.« (Stefan Friedrich, EDAG)

Zusätzlich stellen sich viele Organisation die Frage, was in den OKR-Sets abgebildet wird. In der weltweiten OKR-Community ist dies schon fast zur Gretchenfrage geworden: Ist OKR ausschließlich für strategische Themen oder auch für das Tagesgeschäft gedacht? Meine Antwort: Kommt auf den Kontext an.

Strategie versus Tagesgeschäft

OKR bietet einen sehr guten Rahmen für Unternehmen, die Organisation in eine gewünschte strategische Richtung zu bewegen. Die Grundidee von OKR ist folglich auch, sich um eben genau diese strategischen Themen zu kümmern. Paul Niven und Ben Lamorte (2016) halten dazu fest: »OKRs are about novelty, innovation, and creativity to spark breakthroughs.«

Eine Gegenposition nimmt dazu Mathias Böni (Murakamy) ein. Er berichtet, dass sie die strategischen Themen nicht losgelöst vom Tagesgeschäft betrachten würden. In den OKRs solle man bewusst das Tagesgeschäft mit abbilden, um über den Gesamtblick überhaupt sauber

Prioritäten setzen zu können. Es ginge dabei auch darum, über das oft repetitive und manuelle Tagesgeschäft neu nachzudenken und mithilfe von der OKR-Methodik dort Schritt für Schritt Freiräume für andere, strategische Themen zu schaffen.

In der Praxis ist abermals ratsam, für sich in der Organisation eine Definition zu finden, die eine Richtung gibt, allerdings Diskussionen nicht noch unnötig anheizt. Sascha Wegner (OTTO) interveniert bei solchen Meta-Diskussionen um die Frage Strategie oder Tagesgeschäft, indem er das Team in die Verantwortung nimmt. »Ich frage das Team: Was hilft euch denn? Die Teammitglieder müssen verstehen, was es ihnen bringt.«, erzählt er. Weiter gibt er zu bedenken, dass dies auch vom Reifegrad des Teams abhänge. Als Coach begleite er auch Teams auf dem Weg der Selbsterkenntnis: »Unser Verständnis ist, dass wir Veränderungsthemen und kein Tagesgeschäft abbilden. Die Detaillierung dessen überlassen wir dem Reifegrad des Teams. Ich habe in diversen Bereichen erlebt, dass die Teammitglieder erst mal alles was sie taten aufschrieben und dadurch Transparenz schafften. In der Retrospective stellten sie dann selbst fest, dass Aufgabenlisten doch nicht in OKR gehören.

Zielvarianten: Committed oder Stretched?

Neben der Klarheit, welche Themen primär in OKR abgebildet werden, benötigt es diese auch für das Ambitionslevel der Ziele. Google ist berühmt für die sogenannten Stretch Goals. Diese werden im re:Work-withgoogle.com-Blog als sehr ambitionierte Ziele beschrieben. Dies bedeutet, dass die Ziele bei Google derart ambitioniert gesetzt werden (mitunter auch Moonshot genannt), dass eine Zielerreichung von siebzig Prozent als Erfolg gilt. Nicht jedes Unternehmen ist reif für diesen Ansatz. Insbesondere bei der Einführung von OKR neigen Teams dazu, sich bereits zu viele und zu ambitionierte Ziele zu setzen. Das kann zu Frustrationen führen. Das Gegenstück zu den Stretch Goals sind daher die Committed Goals. Bei diesen wird mit einer Erreichung von hundert Prozent geplant. Christina Wodtke (2021: 183) bringt es in ihrem Buch »Radical Focus« auf den Punkt: »Committed is what you know you can do and aspirational is what you hope you can do.«

Ich empfehle Unternehmen, zumindest im ersten Zyklus mit Committed Goals zu arbeiten. Das ermöglicht den Teams, Sicherheit in der methodischen Herangehensweise zu bekommen. Stretch Goals sind dann in den kommenden Zyklen die nächste, logische Entwicklungsstufe. Manch ein Unternehmen bleibt auch bei Committed Goals. Dies sollte dann jedoch auch klar kommuniziert werden.

5.2 Objectives schreiben

Beim Setzen der Ziele, unabhängig davon wie ehrgeizig sie sein mögen, sollten wir uns daran erinnern, für wen wir eine Verbesserung erzielen wollen. Zwetomir Karagaschki (METRO.digital) teilt dazu die Erfahrung: »Was mir manchmal verloren geht, ist der radikale Kundenfokus. Weg von warum ist es gut für uns, hin zu was hat der Kunde davon.« Damit weist er auf ein wichtiges Merkmal eines guten Objectives hin: Wir schaffen Wert für unsere Kund:innen. Es ist wie beim Restaurantbesuch. Am Ende zahlt der Gast im Restaurant für das Gesamterlebnis.

Was macht ein gutes Objective aus?

Ein gutes Objective beschreibt einen Zukunftszustand am Ende des Zyklus. Mit anderen Worten zeigt es auf, was sich für wen am Ende des Zyklus geändert hat und welchen Wert wir dadurch geschaffen haben. Weiter sollte dieses Ziel für das Team inspirierend und mutig sein. Wie wichtig dies ist, beschreibt Ginesh Koottakara (StackFuel) wie einen Weckruf bereits im ersten Zyklus, denn, »wenn die Objectives nicht inspirierend sind, ist es sehr schwierig, die Mitarbeitenden dahinter zu bekommen.« Doris Leinen (DB Systel) hakt deshalb in Workshops explizit nach: »Ist das was, für das ihr in drei Tagen, drei Wochen und in drei Monaten aufsteht?« Eine weitere, wichtige Charakteristik ist, dass das Team oder der Bereich das gesetzte Ziel tatsächlich beeinflussen kann. Nur so kann man verhindern, dass Allgemeinplätze wie

»Wir wollen der präferierte Partner für unsere Kund:innen sein.« Raum bekommen.

Checkliste: Gute Objectives

- Nutzen und Wert für den Kunden schaffen
- Beschreiben einen Zukunftszustand
- Sind inspirierend und ehrgeizig
- Bilden Fokus für das Team im kommenden Zyklus
- sind Positiv formuliert
- sind Qualitativ nicht quantitativ

Wie schreibe ich ein gutes Objective?

Die Kernfrage, die wir mit dem Formulieren des Objectives beantworten wollen, ist: »Welchen Wert wollen wir für wen bis zum Ende des Zyklus erreicht haben?« Es geht darum, was wir erreicht haben und nicht, was wir planen, (vielleicht) zu tun. Die drei Schlüsselworte sind Ergebnis, Kund:innen und Nutzen. Daraus ergibt sich eine einfache Formel:

Wir schaffen <Ergebnis/Zukünftiger Zustand> für <Kund:innen>, weil <Nutzen>.

Das Ausfüllen des Lückentexts ist als ein erster Wurf zu verstehen, den es dann zu verfeinern gilt, beispielsweise durch eine stärkere Fokussierung auf eine Kund:innengruppe oder das Eingrenzen des Zukunftszustands. In den folgenden Zeilen siehst du einige Beispiele aus dem Restaurantkontext für aufgestellte Objectives sowie eine Bewertung der Qualität dieser anhand der beschriebenen Kriterien. Dabei lege ich die beschriebenen Faktoren an:

Objective	Einschätzung
Unsere Geschäftskund:innen sind begeistert von unserem neuem Mittagsangebot.	Gut, weil: ▪ Kund:in im Fokus (»Geschäftskund:innen«) ▪ Ergebnis und Nutzen herausgestellt (»begeisterte Kund:innen kommen gerne wieder«)
Wir haben neue, wirkungsvolle Wege des Recruitings von Gastronomiepersonal gefunden, um weiterhin unseren Gästen ein einzigartiges Erlebnis bieten zu können.	In Ordnung, weil: ▪ Ergebnis ist klar (»Wege des Recruitings») ▪ Das nutzt langfristig den Gästen ▪ Der Satz ist sehr lang und dadurch schlecht zu merken.
Wir haben die Kundenzufriedenheit gehalten und den Umsatz verdoppelt.	Schlecht, weil ▪ Jeder will zufriedene Kund:innen und mehr Umsatz haben. ▪ Nur den Status quo erhalten, wollen wir nicht. ▪ Das Wort »und« ist meist ein Signal für zwei Ziele in einem. ▪ Was ist das beeinflussbare Ergebnis? ▪ Was ist in drei Monaten wirklich anders?
Wir haben eine neue Küche ausgesucht.	Schlecht, weil: ▪ Keinerlei Kund:innenfokus und -nutzen ▪ Beschreibung einer Tätigkeit und nicht eines erreichten Zielzustandes

Das Schreiben von Objectives nach den beschriebenen Merkmalen bedarf etwas Übung, wobei die allermeisten Teams im Laufe der ersten Zyklen ihren Stil selbst finden. Da noch kein:e Meister:in vom Himmel gefallen ist, vertrete ich als OKR-Coach die Haltung, die mir anvertrauten Teams schrittweise zu begleiten und unter Umständen zunächst gute, anstatt perfekte OKR-Sets anzustreben. Diese Erfahrung teilt auch Doris Leinen (DB Systel): »Ich habe eine positive Erfahrung damit gemacht, die Herangehensweise anzupassen. Weil ich einfach zu oft erlebt habe, dass OKR-Sets mit drei Objectives mit jeweils mehreren Key Results wenig wirkungsvoll sind. Viel hilft viel, ist hier der falsche Ansatz. Deshalb habe ich die Sache umgedreht. Wir starten bei DB Systel aus der operativen Sicht, identifizieren Hebel, die wir sehen, definieren daraus den Wert als Key Result und kreieren dann eine Überschrift, ein emotionales Objektive dafür. So entsteht ein OKR-Set mit circa drei bis fünf Key Results.«

Gute Fragen sind unverzichtbar: Coachingfragen »Objectives«

In der Praxis als OKR-Coach ist es hilfreich, ein Set an Interventionsfragen parat zu haben, um den Teams zu helfen, die Brücke zu bauen von »Was will ich tun?« (Aufgabe) hin zu »Was wollen wir erreicht haben?« (Ziel).

- Was ist anders in drei Monaten in deiner Organisation?
- Wie hat sich das Verhalten deiner Kund:innen verändert?
- Welche Metrik in eurem Team oder in der Organisation wollt ihr positiv beeinflussen?
- Wenn ihr euch in den nächsten drei Monaten nur ein Problem zum Lösen aussuchen könnt, welches wäre das?
- Was bremst euch heute? Was hält euch zurück?
- Wo drückt der Schuh im Produkt oder Projekt?
- Was hätte sich verändert, wenn das Problem in drei Monaten nicht mehr besteht?

- Wie können wir das Ziel konkretisieren, sodass es tatsächlich im kommenden Zyklus realisierbar ist?
- Worauf möchtet ihr stolz sein am Ende des OKR-Zyklus?
- Wofür machen wir eine Flasche Sekt auf?

Die Fragen sind kein Garant für einen zügigen Schreibprozess, bieten allerdings Hilfestellung insbesondere dann, wenn Teams ins Stocken geraten. Judith Braun (Deutsche Telekom) unterstreicht: »Wirkung ist bei uns ein Wort, das im wahrsten Sinne des Wortes wirkt. Wir versuchen, den Blick darauf zu richten, was wir erreichen wollen, das hilft.«

Denis Liggeri (StepStone) machte die Erfahrung, dass zwei Interventionen gut funktionieren: Erstens unterbricht er bewusst den Schreibprozess des Teams durch eine Pause, zum Beispiel indem am Folgetag daran weitergearbeitet wird. Zweitens nutzt er Kreativitätsmethoden aus dem Design Thinking, wie der Perspektivenwechsel (siehe Hack) mit den »Wie würde X Fragen«.

***Hack: Perspektivenwechsel* / *Das Schreiben des Objectives wird aus der Perspektive einer berühmten Persönlichkeit vorgenommen. Dazu wird die Frage gestellt: »Wie würde Steve Jobs oder der Dalai Lama oder Wonder Woman dieses Objective formulieren?« Für die kurze Übung werden pro Persönlichkeit zwei bis drei Minuten Zeit für das Brainstorming investiert. Diese Übung dient dem Zweck, die Teilnehmenden aus der gedanklichen Sackgasse zu befreien und den kreativen Schreibprozess wieder in Gang zu setzen.*

5.3 Key Results schreiben

»If you can't measure it, you can't manage it.«

Peter Drucker, Pionier der Managementlehre

Während das Schreiben des Objectives vielen Teams nach einer Zeit relativ einfach fällt, sieht das bei einem Key Result oft anders aus. Einer der Hauptgründe dafür ist sicherlich, dass Menschen in Organisationen lernen müssen, zu messen, was eine Wirkung hat. Das erfordert eine Veränderung unserer Perspektive auf das, was tatsächlich einen Unterschied im Kund:innenverhalten ausmacht. Das Unterfangen ist kein leichtes und alles anderes als trivial. Es erfordert Denkarbeit und zunächst ein Erkennen und Verstehen jeweils relevanter Wirkungszusammenhänge. Dabei solltest du dir ein wichtiges Grundprinzip immer vor Augen führen und es verinnerlichen: Wir messen mit OKR den Outcome und nicht (mehr) oder zumindest nur in Ausnahmefällen den Output.

Was ist der Unterschied zwischen Outcome und Output? Und warum ist das so relevant?

Fangen wir zunächst mit der Begriffserklärung an. Da die deutsche Übersetzung von beiden Begrifflichkeiten meist »Ergebnis« lautet, verdeutliche ich den Unterschied anhand eines Beispiels. Stellen wir uns vor, wir betreiben ein Restaurant und es soll ein Gericht für die Gäste gekocht werden. Dazu benötigen wir Zutaten, Utensilien und beispielsweise eine Köchin. Dies sind die Voraussetzungen, um überhaupt in Aktion treten zu können, sprich unser Input. Dann wird gekocht und bestimmte Tätigkeiten werden durchgeführt, die dann zu einem Ergebnis führen. Dieser Output ist das fertige Gericht, Allerdings kann das fertige Gericht in der Küche noch keine Wirkung erzeugen. Erst in dem Moment, in dem dieses Gericht serviert und von einem Gast verzehrt wird, entsteht die Wirkung, wenn es dem Gast gut schmeckt, haben wir erreicht, was wir uns vorgenommen haben. Das ist der Outcome. Im besten Fall begeistert das Gericht unseren Gast so sehr, dass er oder sie auch in den kommenden Jahren immer wieder gerne zu uns ins Restaurant kommen und wir dadurch finanziell auf sicheren Beinen stehen. Diese langfristige Wirkung, der Impact, ist erst zeitversetzt sichtbar und messbar.

Den Unterschied zwischen Output und Outcome nicht nur theoretisch zu verstehen, sondern auch praktisch umzusetzen, fällt vielen Menschen in Unternehmen schwer. Wir müssen scheinbar wieder lernen, unseren Fokus auf das zu richten, was am Ende zählt: Der/die

Kund:in. Denn wenn wir es schaffen, das Verhalten von Menschen positiv zu beeinflussen (beispielsweise indem sie uns empfehlen oder selbst gerne wiederkommen), wird sich das auch im langfristigen Erfolg widerspiegeln.

In den befragten Unternehmen werden die OKR-Coaches kreativ, um den Unterschied und die Relevanz von Outcome und Output zu erklären.

Zwei Beispiele:

- »Output wäre die Anzahl der Kerzen auf der Geburtstagstorte zu zählen. Outcome ist die Freude und das Lachen der Kinder auf der Geburtstagsparty.« (Judith Altemark, BabyOne)
- »Es geht nicht darum, wie viele Anrufe ich getätigt habe (Output), sondern wie viele Kunden ich gewonnen habe (Outcome).« (Thorsten Ziegler, DB Systel)

Es ist wichtig, dass OKR-Coaches die Teams in diesem Lernprozess begleiten. Es ist für die Teammitglieder fälschlicherweise viel einfacher, die getätigten Anrufe, die Anzahl an durchgeführten Trainings oder die Anzahl an Newsletteranmeldungen als messbares Key Results zu wählen. Doch was bringt es, sich über die zehntausendste Anmeldung zum Newsletter zu freuen, wenn keiner diese:r Kund:innen einen Kauf in unserem Online-Shop tätigt? Wäre es da nicht sinnvoller, den Blick darauf zu richten, wie viele dieser potenziellen Kund:innen tatsächlich zu kaufenden Kund:innen werden? Und vielleicht kommen wir durch diese Metrik auf ganz andere Ideen, abgesehen vom Newsletter, die uns helfen können, unser Ziel zu erreichen. Klingt das verlockend? Das ist die Magie, die entstehen kann, indem wir uns mehr mit Outcome und weniger mit Output beschäftigen.

Leider geht damit eine Herausforderung einher, wie Judith Braun (Deutsche Telekom) feststellt: »Das Problem ist ja, alles, was einfach messbar ist, ist für OKR meist nicht brauchbar. Deshalb sind wir da auch kompromissbereit. Das Wichtigste in den OKR-Prozessen sind die guten Gespräche über Wirkung und da setzen wir keinem die Pistole auf die Brust, dass jemand beweisen muss, dass genau diese Maßnahme zur Wirkung beigetragen hat. Das wäre nicht pragmatisch.« Vielmehr ermuntert sie ihre Kolleg:innen, sich früh Feedback einzuholen, da es schwer sei, die eigene Wirkung zu beurteilen. Deshalb sagt sie zu den Teammitgliedern: »Es geht darum, dass jemand jenseits deines eigenen Schreibtisches sagt: ›Das hat für mich einen Mehrwert geboten.‹ Bei output-getriebenen Key Results kannst du am Ende meist selbst beurteilen, ob du etwas erreicht hast: Bei outcome-orientierten Key Results, wird das schon schwerer. Da brauchen wir die andere Perspektive, zum Beispiel jemanden, der oder die etwas mit deiner Zielgruppe zu tun hat.«

Leading und Lagging

Mit der Unterscheidung von Outcome und Output geht noch eine weitere Terminologie einher, die für das Schreiben von Key Results relevant ist: Leading und Lagging. Auch hier treffen die deutschen Übersetzungen (leitend und verzögernd) nur bedingt den eigentlichen Kern. Ich verweise deshalb gerne in der Praxis auf die Erläuterung von Tim Herbig (2021):

»›Leading‹ bezeichnet in diesem Fall einen Indikator oder eine Vorhersage, bei der wir vermuten, dass sie uns bei der Erreichung einer langfristigen Zahl helfen wird.

›Lagging‹ im Gegensatz dazu, ist ein Ergebnis der Vergangenheit, eben etwas, das wir erst sehen, wenn es eingetreten ist und wir es nicht mehr beeinflussen können.«

Ein Beispiel, das vielen bekannt vorkommen könnte: Stell dir vor, du willst ein paar Kilogramm abnehmen und wagst wöchentlich einen Blick auf die Waage, um den Fortschritt zu sehen. Was du dort siehst, ist das Ergebnis deines Lebensstils der vergangenen Woche, was du mitunter nicht mehr rückgängig machen kannst (Lagging). Zwar sind die reduzierten Kilogramm, die Zahl, um die es dir eigentlich geht. Sie ist jedoch nur indirekt beeinflussbar. Es macht jedoch mehr Sinn, den Blick auf messbare, einflussnehmende Faktoren zu richten, die tatsächlich zu diesem Ergebnis führen. »Leading indicator« könnte für dich die tägliche negative Kalorienbilanz sein.

In einem meiner ersten OKR-Workshops habe ich übermotiviert versucht, mit einem Team nicht nur den Unterschied zwischen Output und Outcome, sondern zugleich auch von Leading und Lagging in den Köpfen zu verankern. Rückblickend erkenne ich, dass das zu einer Überforderung geführt hat. Mittlerweile mache ich das in verdaulichen Häppchen. Ein Großteil der Interviewten für dieses Buch ist sich einig, dass der Unterschied zwischen Output und Outcome ein Denkprozess ist, der seine Zeit benötigt. Dieser wird begleitet durch die Reflexion im Team, über Feedback in der Begleitung. Wie sagte Denis Liggeri (StepStone) dazu: »Das ist ein bisschen wie Fahrrad fahren lernen. Am Anfang braucht es mitunter Stützräder.«

Was macht ein gutes Key Result aus?

Während das Objective das inspirierende und qualitative Ziel darstellt, sind die Key Results die passenden Erfolgstreiber, Hebel oder Wetten. Unabhängig welcher Begriff in deinem Kontext genutzt wird, sei dir bewusst, was Key Results NICHT sind. Sie sind weder Aktivitäten, To-do-Listen noch Meilensteine oder verkappte Projektpläne. Mit den Key Results beantworten wir die Frage: »Wie können wir messen, ob wir das Ziel erreichen?«.

Dabei richten wir unseren Fokus nicht auf, »was wir tun müssen, sondern weiterhin auf das erstrebenswerte Ziel.« (den Haak 2021). Deshalb ist es auch so wichtig, den potenziellen Outcome zu messen.

Zum Zeitpunkt des Schreibens der Key Results wissen die Teams noch nicht, ob funktionieren wird, was sie sich vornehmen. Deshalb ist es ratsam, die Key Results unabhängig voneinander zu planen. Sie sind wie kleine Lernwetten und Experimente. Ein weiteres Merkmal guter Key Results ist, dass sich der Fortschritt regelmäßig messen lässt. Damit ist gemeint, innerhalb eines dreimonatigen Zyklus mindestens drei Messpunkte zu haben. Im Idealfall sind es allerdings eher zwölf Datenpunkte, und damit zwölf Lernmomente, die uns die Möglichkeit bieten, unsere Tätigkeiten anzupassen.

Checkliste: Was sind gute Key Results?

- Sie sind der Hebel und der Weg, um das Ziel (Objective) zu erreichen.
- Ohne Zahl kein Key Result.
- Sie sind voneinander unabhängig.
- Sie müssen vom Team beeinflussbar, messbar und ambitioniert sein.
- Keine Aufgabenlisten.

Wie schreibe ich ein gutes Key Result?

Für das Schreiben des Key Results stellen wir uns die Frage: »Wie können wir messen, ob wir das Ziel erreichen?«. Um das zu beantworten, gibt es Vorgehensweisen. Dazu einige Beispiele aus der Praxis:

1. Die Dekonstruktion des Objectives

Hierzu wird das Objective in die Mitte auf ein (digitales) Whiteboard geschrieben. Dann werden die Schlüsselworte identifiziert und markiert. Nehmen wir an, wir hätten folgendes Objective formuliert: »Unsere Gäste sind begeistert von unserem neuen Gastropersonal.« Als Kern könnten wir »begeisterte Gäste« und »neues Personal« festhalten. Nun gilt es, zu überlegen, was wirksame Hebel, also messbare Werte (= Key Results), zum Beispiel für »begeisterte Kunden« sein könnten. Vielleicht sind das die Anzahl an positiven Feedbacks auf Bewertungsportalen oder die Erhöhung der Anzahl an wiederkehrenden Gästen. Oder im Falle des »neuen Personals« könnten dies beispielsweise die Anzahl der erfolgreichen Neueinstellungen sein. Das Zerlegen des Objectives in seine Einzelteile ermöglicht leichter, die Unabhängigkeit der Key Results sicherzustellen und die Diskussionen zu fokussieren.

2. Das große Messen

Da es manchen Teams schwer fällt, die Hebel messbar zu machen, kann es hilfreich sein, sich dem Datenraum zu nähern. Ich nenne es gerne liebevoll »Das große Messen«. Damit gemeint ist eine große Mindmap. Bevor es an das eigentliche Schreiben der Key Results geht, sammeln wir alle Dinge, die wir heute schon messen und die wir zukünftig messen könnten. Dies ist eine Intervention, insbesondere dann, wenn Teams beispielsweise bei der Dekonstruktion des Objectives nicht mehr weiterkommen.

3. Eine Formel für Key Results

Auch beim Schreiben von Key Results kann eine Formel als Startpunkt hilfreich sein. In der Praxis hat sich für mich dieser Ansatz bewährt:

Steigerung/Verringerung von Anzahl [HEBEL] von [X] zu [Y] bis [Ende des Zyklus]

Beispiel: Steigerung der Anzahl an [Fünf-Sterne-Bewertungen auf Portal X] von [35] zu [125] bis [Ende September]

Damit ist eines nämlich schon einmal gesichert: Wir müssen uns Gedanken machen über unseren Startpunkt, zum Beispiel wie schauen unsere Bewertungen heute aus und was wollen wir am Ende des Zyklus erreicht haben? Nicht immer ist der Startpunkt beim Schreiben des

Key Results vorhanden. Dies ist nicht optimal, sollte allerdings kein Hindernis darstellen. Die initiale Messung kann zu Beginn des OKR-Zyklus vorgenommen werden oder es wird auf Basis einer »validierten Annahme« eine Linie im Sand gezeichnet.

Schauen wir uns ein Beispiel für outcomeorientierte Key Results an:

Objective / *Unsere Gäste sind begeistert von unserem neuen Gastropersonal.*
Key Result / *Steigerung der Anzahl der Fünf-Sterne-Bewertungen auf Google von einhundertzwanzig auf zweihundertfünfzig bis Ende September.*
Key Result / *Verkürzung der Time to hire von fünfundzwanzig auf fünfzehn Tage.*
Key Result / *Steigerung der Zufriedenheit mit der Einarbeitung der neuen Mitarbeiter:innen auf einer Skala von 1 bis 10 von jetzt 8 auf dann 9.*

Im Gegensatz dazu stehen die folgenden Key Results für voneinander abhängige Aktivitäten, die sich nur mit ja oder nein beantworten lassen. Ein Fortschritt bezogen auf den Outcome ist so nicht sinnvoll messbar.

Objective / *Unsere Gäste sind begeistert von unserem neuen Gastropersonal.*
Key Result / *Budget für ein Recruitingtool erhalten.*
Key Result / *Drei Anbieter angeschaut.*
Key Result / *Einen Anbieter ausgewählt.*
Key Result / *Das Tool ist implementiert.*
Key Result / *Das Tool wurde mit fünf Bewerber:innen getestet.*

Von Output zu Outcome

Trotz aller Erklärungen zum Unterschied von Output (zum Beispiel die neue App einer Firma ist live) und Outcome (diese App wird auch genutzt) passiert es dennoch häufig, dass eher das Ergebnis von Aktivitäten gemessen wird. Stefan Friedrich (EDAG) berichtete dies: »Und natürlich kommen dann so Vorschläge wie: Okay, dann mache ich mit denen fünfzehn Synchronisationstermine und dann kann ich das gut messen. Da ist noch viel Arbeit notwendig, aber wir machen gute Fortschritte.«

In solchen Fällen kann es Teams helfen, hier schrittweise vorzugehen. Dazu werden beispielsweise erst ungefiltert alle Key Results-Ideen niedergeschrieben, unabhängig davon, ob sie Aktivitäten, Output oder Outcome beschreiben. Dazu werden drei Spalten aufgezeichnet und die Ideen kategorisiert. Anschließend wird über Transferfragen geschaut, wie sich ein Output in ein Outcome Key Result weiterentwickeln ließe.

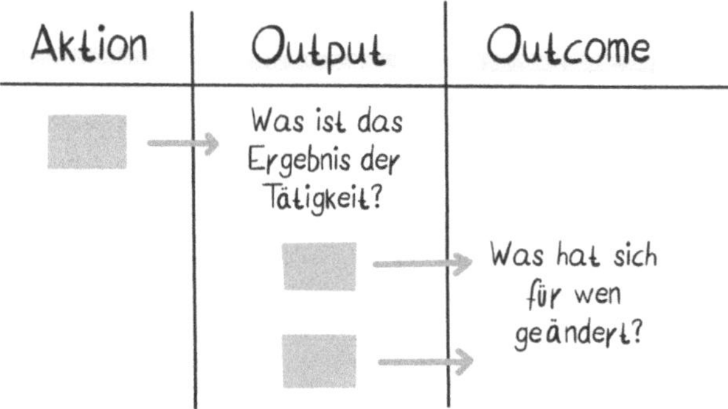

Eine ähnliche Variante teilte Denis Liggeri (StepStone) im Interview: »Wir versuchen, Klarheit über die Initiativen zu erlangen und dann ›working backwards‹ zu machen. Wir fragen uns, was wollen wir mit dieser Initiative erreichen? Und wie könnte dann ein Key Result und Objective aussehen?«

Coachingfragen zu Key Results

Nicht nur für das Übersetzen von Output zu Outcome eigenen sich die folgenden Coachingfragen. Je nach Reifegrad des Teams können sie hilfreiche Denkanstöße bieten:

- Welche Hebel können wir zur Erreichung des Objectives anwenden?
- Welches veränderte Kund:innenverhalten beobachtest du in deinem Produkt beziehungsweise zu deiner Dienstleistung? Wie könnten wir das messbar machen?
- Woran würde ein Außenstehender sehen, dass das Key Result erreicht ist? Welches Messkriterium würde er anlegen?
- Welche Hindernisse halten uns davon ab, das Key Result zu erreichen? Wie könnten wir das ändern und messen?
- Was willst du mit der beschriebenen Aufgabe erreichen? Was soll rauskommen?
- Warum machen wir Aufgabe X? Was wollen wir damit erreichen?
- Wenn wir diese Aufgabe bis zum Ende des Zyklus erledigt haben, woran können wir beobachten, dass sie etwas verändert hat?

Hack: »How might we check« (Herbig 2021) */ Die Wie-könnten-wir- beziehungsweise mehr geläufig die How-might-we-Fragen (HMW-Fragen) werden meist im Kontext von Innovation und Design Thinking angewandt. Hinsichtlich OKR empfiehlt Tim Herbig, diese im Sinne einer Plausibilitätsprüfung zu verwenden, um beim Schreiben des Key Results weniger in Aufgaben und mehr in Outcome zu denken. Dazu wird das Key Result als HMW-Frage gestellt: Wie könnten wir die Zufriedenheit der Bewerber von 8 auf 9 steigern? Die Antwort auf diese Frage öffnet einen Raum unterschiedlichster Möglichkeiten, diese umzusetzen.*

Das Schreiben von Key Results kann sich, wie bereits beschrieben, für Teams sehr anstrengend anfühlen. Auch wenn ich in vielen Dingen des Lebens gerne einen sehr pragmatischen Ansatz wähle, rufe ich mir beim Schreiben der Key Results ein Zitat aus »Google's OKR playbook« in Erinnerung: »If you wrote them down in five minutes, they probably aren't good.«

Denn die Ziele und Erfolgshebel, die wir uns jetzt konkret setzen, sind in den kommenden Monaten unsere gemeinsame Ausrichtung. Damit diese auch klar ist, empfiehlt sich, auch auf die Länge des Key Results zu achten. Als Prinzip gebe ich den Teams in der Praxis mit: »Wenn ich dich heute Nacht aufwecke und frage, solltest du dich daran erinnern können« – also lieber kurz und bündig.

Abschließend noch ein Gedanke von Denis Liggeri (StepStone), der insbesondere bei der Entscheidung für das ein oder andere Key Result zu bedenken gibt, dass das Team frühzeitig reflektieren sollte, ob das benötigte Wissen und die Fähigkeiten bereits vorhanden oder im Laufe des Zyklus beschafft werden können.

5.4 Die OKR-Architektur aufsetzen

Über das Andocken an die strategischen Richtungen der Organisation und das Schreiben guter OKR-Sets haben Teams bereits einen Weg, der ihnen hilft, die aus ihrer Sicht wirkungsvollsten Themen anzugehen. Sehr viele Unternehmen nutzen OKR darüber hinaus, um verschiedene Ebenen oder Einheiten auszurichten. Daher wird über kurz oder lang, die Frage der OKR-Architektur auftreten. Damit ist gemeint, wie viele Abstimmungsebenen wir definieren und wie eine daraus resultierende, konkrete Zeitplanung eines Zyklus aussieht.

Die OKR-Kaskade

Je größer die Organisation, desto eher tritt das Phänomen auf, dass einzelne Teams nicht alleine wertschöpfend sein können. Nehmen wir das Beispiel eines Onlineshops, der von einer Handvoll Kund:innen auf mehrere Zehntausend gewachsen ist. Es ist sehr unwahrscheinlich, dass Infrastruktur, Softwareentwicklung, Marketing, Logistik und Kundenservice noch immer aus einem

Team heraus orchestriert werden. In diesem Fall ist es wichtig, sich zu überlegen, wie ein Schnitt durch die Organisation sinnvoll aussehen kann.

Unter der Kaskadierung verstehe ich verschiedene Kommunikations- und Verhandlungsebenen. Diese können, müssen aber nicht, den Organisationsstrukturen folgen. In den meisten der interviewten Unternehmen werden OKRs über drei Ebenen kaskadiert:

1. Unternehmen,
2. Bereiche,
3. Abteilung.

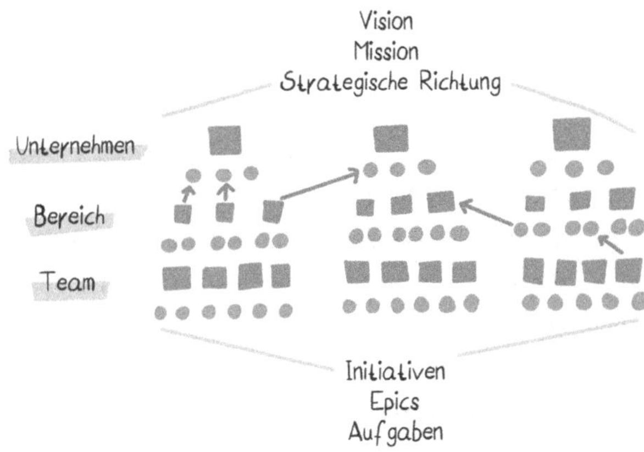

Die OKR-Sets sind über alle Ebenen miteinander verknüpft und zahlen aufeinander ein. Dies bedeutet, ein Team-Objective schließt beispielsweise an ein Key Result eines Bereichs an. Es kann aber auch direkt zu einem OKR-Set der Unternehmensebene oder eines anderen Teams beitragen.

Im Idealfall führt die Kaskadierung zu Gesprächen, Verhandlungen und einem klaren Verständnis, wie Menschen im Unternehmen zu einem großen Ganzen beitragen. Damit dies gelingt, sollten sich Teams stets an den übergreifenden Key Results orientieren. Dies bedeutet allerdings nicht, dass diese einfach nur kopiert und umformuliert werden. In der Praxis verwende ich deshalb gerne die Bezeichnung Guiding Key Results. Diese geben einen Rahmen, sind allerdings nicht als direktiv zu verstehen.

OKR als Kommunikations- und Verhandlungsinstrument zu verstehen, macht auch klar, worum es hier im Kern geht. Nämlich nicht um das Aufsetzen eines Projektplans, sondern eine Auseinandersetzung mit den Problemen, Baustellen oder Themen, die die Organisation im kommenden Zyklus angehen möchte.

OKRs auch auf persönlicher Ebene?

In der weltweiten OKR-Community ist es nahezu verpönt, Team-OKRs auch auf die persönliche Ebene herunterzubrechen. Bart den Haak (2021) hält dies fest: »So, although individuals may benefit from using OKRs in their personal life, in companies, OKRs should be used on a team level.« Ich teile diese Meinung. Das Risiko, dass Individuen nur noch ihre eigenen Ziele verfolgen und diese, um einen etwaigen Bonus zu erreichen, eben nicht ambitioniert setzen, ist sicherlich berechtigt. Darüber hinaus sollten wir uns vor Augen führen, was wir mit OKR auch erreichen wollen: Eine bessere Zusammenarbeit über Teamgrenzen hinweg. Es geht nicht um die Optimierung des Gegenwerts, den ein einzelner beiträgt, sondern um die Steigerung von Outcome und Impact der Organisation.

Muss immer kaskadiert werden?

Eine Kaskadierung im beschriebenen Sinne ist allerdings kein Muss. Durch die bewusste Auseinandersetzung mit den Rahmenbedingungen und wie sich OKR in die etablierte Organisation einfügt, kann die Entscheidung bewusst anders ausfallen. Martin Entress (Haufe Talent) berichtet dazu: »Unsere neunundzwanzig Teams leiten ihre OKR-Sets alle drei Monate direkt von den Jahreszielen ab. Dass bei uns keine Kaskadierung im klassischen Sinne stattfindet, liegt daran, dass wir auf selbstorganisierte Teams setzen. Das erfordert allerdings auch ein dementsprechendes Team-Set-up und die Teamgesundheit spielt eine wichtige Rolle.«

Zwar gehen viele Unternehmen erst einmal von der existierende Organisationsstruktur aus, es kann jedoch auch gute Gründe geben, diese zu verlassen, wie Julia Ries (Media Impact) beschreibt: »Wir haben gelernt, dass wir von der Organisationsstruktur hin zu Verantwortlichkeiten in den Projektteams kommen wollen. Es wird nicht mehr versucht, möglichst viel über OKR abzubilden, sondern wir fokussieren uns auf die teamübergreifenden Themen. Im besten Fall stehen damit die Prio-Projekte so im Rampenlicht, dass wir einen Pull-Effekt hinbekommen und weitere Unterstützer bewegen können.«

Auswirkungen der Architektur auf die Planung eines Zyklus

Die Entscheidung, für eine passende Kaskadierungsvariante hat direkte Auswirkungen auf die Planungs- und Abstimmungsphase vor dem eigentlichen Startschuss des OKR-Zyklus. Denn je nachdem, wie viele Verhandlungs- und Kommunikationsebenen eingezogen werden, kann das Zeit in Anspruch nehmen. In der Praxis sage ich mit einem Augenzwinkern mitunter, wenn wir es richtig kompliziert machen wollen, ziehen wir bereits im ersten Zyklus schon richtig viele Ebenen ein. Meist beginnt die Erstellung der OKR-Sets auf Geschäftsführungsebene zeitversetzt und früher, sodass diese als Inspiration für die Bereiche und anschließend für die Teams dienen. Das bedeutet nicht, dass die Teams warten müssen, auf das, was von oben kommt, sondern können sie sich im besten Fall über ihre OKR-Sets rechtzeitig Gedanken machen und diese auch an entsprechende Stellen zurückspielen. Austausch und Feedback ist etwas, das durch die Kaskadierung im positiven Sinne provoziert werden kann.

Diese Orchestrierung des Zeitplans kann gut durch den OKR-Champion oder eine andere verantwortliche Person gesteuert werden. In der Regel wird mit den Vorbereitungen für den kommenden OKR-Zyklus bereits drei bis sechs Wochen vor dem jeweiligen Start begonnen. Dabei ist es immer wieder interessant, an der Reaktion von Teams zu beobachten, wie überraschend dann doch der neue Zyklus vor der Tür steht. Um dieser Reaktion zumindest etwas zuvorzukommen, gibt Stefanie Junghans

(SAP) den Tipp insbesondere beim Senior Management, »die Termine frühzeitig in den Kalendern zu platzieren.«

Alexander Trampisch (SwissCommerce Group) nutzt mittlerweile einen Jahresplaner. Dieser dient als Übersicht für die Mitarbeitenden. Dort sind neben dem OKR-Zyklus auch andere relevante Termine genannt, zum Beispiel wann auf welchen Ebenen mit der Planung begonnen wird oder wann Mitarbeiter:innengespräche stattfinden. Dies gibt Orientierung und dient einer transparenten Kommunikation.

Zum Abschluss des Kapitels möchte ich uns in Erinnerungen rufen, welche positiven Auswirkung es haben kann, sich mit der Qualität der OKR-Sets auseinanderzusetzen. Tatsächliche Outcome-OKRs zu definieren, ist meist keine Sache von fünf Minuten, dauert mit etwas Übung allerdings trotzdem nicht allzu lange. Es ist die Arbeit wert und erhöht die Wahrscheinlichkeit, dass Planung und Umsetzung in der kommenden Iteration erfolgreich sind. In der Küche und Hotellerie gibt es den Begriff »Mise en Place« (französisch: Bereitstellung), der die optimale Vorbereitung des Arbeitsplatzes meint und für einen reibungslosen und stressfreien Ablauf sorgen soll. Die Utensilien liegen bereit, das Gemüse ist geschnippelt, unsere OKR-Workshops können losgehen.

Transparent machen: OKR macht Wirkungsketten sichtbar

»Transparency seeds collaboration.«

John Doerr, Autor und OKR-Pionier

In diesem Kapitel schauen wir auf das dynamische Zusammenspiel von Planung und Ausrichtung. Dynamik ist ein wichtiges Stichwort, denn so sehr sich viele Beteiligte wünschen, dass alles linear und klar durchläuft, so erlebe ich in der Praxis, dass es einige Schleifen benötigt, bis die Abstimmung untereinander tatsächlich erfolgt ist.

Die Menschen in den unterschiedlichen Bereichen eines Unternehmens teilen ihre Ideen, wie mithilfe von OKR in Richtung der gemeinsamen Vision gearbeitet werden kann. Teams treten in die Verhandlung mit anderen Teams hinsichtlich der Ausrichtung und benötigten Ressourcen. Weiterhin decken die Mitwirkenden so früh die Abhängigkeiten auf. OKR fördert die Transparenz und ermöglicht, unsichtbare Wände zwischen Bereichen im besten Fall einzureißen.

Meist erfolgt dies in synchronen Veranstaltungen, wie beispielsweise in Workshops zum Planning und Alignment. Schauen wir uns konkret an, wie diese Workshops gestaltet sind, welche Hindernisse auftreten. Wir schauen auch – denn das erfordert das Arbeiten in vielen Organisationen heute –, wie wir für OKR wirksame hybride Arbeitsumgebungen schaffen können. Insbesondere zur Ausgestaltung von Workshops sind die möglichen Varianten nahezu unendlich. Die Vorgestellten beruhen insbesondere auf den Erfahrungen der interviewten Expert:innen. Es darf gerne weitergedacht werden. Ich zähle auf deine Kreativität, die vorgestellten Ideen in deinem Kontext weiterzuentwickeln.

Wenn du jetzt denkst: »Nicht noch ein Meeting!«, sei beruhigt, denn eine gute Vorbereitung aller Beteiligten ist die halbe Miete. Mein Prinzip für gute OKR-Workshops: Je besser die Vorbereitung, desto kürzer in der Regel die benötigte Zeit für den Workshop oder wie Judith Braun (Deutsche Telekom) ergänzt: »Das Gute ist: Du hast dann im OKR-Planning den Luxus, dass alles schon da ist, was du benötigst.«

6.1 Planning Schritt 1: Wie mehr Fokus und Klarheit in Teams erreicht wird

Das OKR-Planning ist ein Zeitraum, in dem die Teams und Einheiten ihre OKR-Sets schreiben. Durch diesen Entstehungsprozess werden bereits innerhalb des Teams die Prioritäten gesetzt und eine Entscheidung für die Ziele des kommenden OKR-Zyklus getroffen. In der Theorie wird meistens von dem OKR-Planning als ein einziges Ereignis gesprochen. In der Praxis habe ich bisher kein Team erlebt, dass aus einem an das Planning anschließendem OKR-Alignment nicht mindestens ein Feedback mitgenommen, das entweder zu einer Anpassung eines OKR-Sets führte oder bereits einen Anstoß zur Operationalisierung brachte. Deshalb gibt es in der Regel im Anschluss an das Alignment noch eine OKR-Planning Phase, gewissermaßen OKR-Planning Teil 2.

Grundsätzlich wird durch das OKR-Planning erreicht, dass das (Führungs-)Team sich die Zeit nimmt, sich über den Fokus für die kommenden Monate Gedanken zu machen. Viele Führungskräfte und Mitarbeitende sind im Strudel der täglichen Aufgaben gefangen und werden dadurch daran erinnert, zu reflektieren, was tatsächlich jetzt und mit den vielleicht veränderten Rahmenbedingungen Sinn macht zu tun. Wie schreibt Steven Covey (1990: 188) sinngemäß in seinem Buch »The seven habits of highly effective people«: Wir sollten niemals so beschäftigt sein, dass wir mit einer stumpfen Säge sägen, anstatt uns die Zeit zu nehmen, sie zu schärfen. Dieses bewusste, gemeinsame Reflektieren ist für Unternehmen, die zuvor klassisch nach Zielvorgaben und in hierarchischen Strukturen agiert haben, ein echter Gamechanger. Kaum eine Führungskraft bestreitet den Wert von Reflektieren über das eigene Tun. Doch in der Praxis ist davon wenig zu spüren. Es gibt nicht unbedingt eine Kultur des Reflektierens, gerade in den Führungsetagen gibt es diese nicht. OKR ändert das. Man könnte sagen, OKR hilft uns hier, über seine Methodik quasi automatisch das Richtige zu tun!

OKR-Zyklus

Kontext

Planning

Alignment

Startschuss

Check-in

Review

Retrospective

Circa 3–4 Monate

Wie sieht ein Workshop aus? Auf welche Ebenen findet dieser statt und mit wem?

Dem OKR-Planning-Workshop geht idealerweise bereits ein Review und die Retrospective aus dem laufenden Zyklus voraus. Dies ist sehr hilfreich, um nicht blank, sondern mit ausreichend Datenpunkten in das Planning zu starten. Die Intensität der Vorbereitung ist von Unternehmen zu Unternehmen unterschiedlich und ist auch im Zusammenhang mit dem Reifegrad der Teams zu betrachten. Die METRO.digital ist beispielsweise als Matrixorganisation geschnitten. Dadurch gibt es in einem Produktteam keine formale Führungskraft, allerdings eine klare Verantwortlichkeit für das Produkt. Die Produktmanager:in kann damit auch diejenige Person sein, die die Vorarbeit mit Blick auf die Probleme und Bedürfnisse von Kunden:innen und Nutzer:innen übernimmt. Er oder sie tut gut daran, bereits zum OKR-Planning einen ersten Entwurf an OKR-Sets als Diskussionsgrundlage einzubringen.

Das OKR-Planning wird in jedem Team von Geschäftsführung bis zur Abteilung durchgeführt. Je nach OKR-Architektur ist es notwendig, die Workshops so anzuordnen, dass die Teams mit ihren Inhalten aufeinander aufbauen können. Insbesondere in den Anfangszeiten empfiehlt es sich, auf eine neutrale Moderation, beispielsweise durch einen (internen) OKR-Coach, zurückzugreifen.

Diese Person kann dann auch notwendige Vorarbeiten, beispielsweise ein digitales Whiteboard zur Verfügung stellen. Auf diesem ist dann bereits, neben dem Ablauf des Workshops, auch die strategische Stoßrichtung mit dem Big Picture (siehe Kapitel »Sinnhaft machen. Warum ein strategischer Kontext so wichtig ist« auf Seite 55) sichtbar.

Der folgende vierstündige Workshop-Ablauf ist ein Beispiel aus meiner Arbeit bei METRO.digital mit ungefähr zwölf Teilnehmenden:

Zeit	Thema	Methode
5 Minuten	**Check-in:** Ziele und Ablauf des Workshops erläutern. Stimmungscheck: Wie geht es dir jetzt mit Blick auf den Workshop?	30 Sekunden pro Person
5 Minuten	**Kontext:** Kurze Vorstellung der Unternehmensvision, -mission und der strategischen Richtungen.	Präsentation
10 Minuten	**Andocken:** Vorstellung von relevanten, vertikalen und/oder horizontalen OKR-Sets.	Präsentation
25 Minuten	**Fokus finden:** Sammeln der großen Themen, zum Beispiel durch Festhalten von Überschriften, Schlüsselworten. Diskussion und Auswahl der Themen, zum Beispiel über »Dot Voting«. Bei dieser Methode bekommt jede Person eine bestimmte Anzahl an Klebepunkten und stimmt ab.	Diskussion und Abstimmung im Plenum
30 Minuten	**Objectives – Erarbeitung:** Vorschläge für Objectives werden in Kleingruppen erarbeitet. Jede Gruppe erarbeitet auf Basis des jeweiligen Themas mindestens drei Vorschläge.	Je nach Anzahl ausgewählter Themen, ist die Anzahl der Kleingruppen zu wählen
30 Minuten	**Objectives – Entscheidung:** Jede Gruppe präsentiert jeweils in fünf Minuten ihre Ergebnisse: Warum ist dieses Objective jetzt im kommenden Zyklus so wichtig? Diskussion und Abstimmung, zum Beispiel über »Dot Voting«, sodass maximal drei bis fünf Objectives übrig bleiben.	Diskussion und Abstimmung Plenum
45 Minuten	**Key Results – Erarbeitung:** Vorschläge für Key Results werden in Kleingruppen für jeweils ein Objective erarbeitet, zum Beispiel mithilfe der Formel »Steigerung/ Verringerung von Anzahl [HEBEL] von [X] zu [Y].	Kleingruppen

45 Minuten	**Key Results – Entscheidung:** Jede Gruppe stellt die potenziellen OKR-Sets vor. Die anderen Gruppen hinterfragen kritisch, ob der Erfolgstreiber (Key Results) ein verändertes Verhalten messen (Outcome). Die Gruppe prüft jedes einzelne OKR-Set auf Plausibilität und Umsetzbarkeit.	Diskussion und Abstimmung Plenum
15 Minuten	**Key Results – Anpassungen:** Je nach Bedarf werden die Key Results direkt angepasst oder in den nächsten Schritten festgehalten, was hier noch geändert oder geprüft werden sollte (zum Beispiel, was ist der Startpunkt der Messung?).	Kleingruppe
10 Minuten	**Nächste Schritte:** Teilen der Ergebnisse und Festhalten der nächsten Schritte.	Diskussion im Plenum
5 Minuten	**Check-out:** Wie zufrieden bist du mit den Ergebnissen bis zu diesem Punkt?	Stimmungsbild mit dem Daumen einfangen. Teilnehmende zeigen gleichzeitig ihr Voting in die Kamera 👍👎

Hinweise zur Durchführung:

- Sollten neue Teilnehmende beim Planning dabei sein, die noch nichts oder sehr wenig über das Schreiben von OKRs wissen, empfehle ich dir, ihnen vorab Lernmaterialien zur Verfügung zu stellen.
- Sollten die Workshops in Präsenz stattfinden, empfiehlt es sich, eine ausreichende Anzahl an Haftnotizen 76×76 Millimeter und schwarze Filzstifte bereitzulegen.
- Je nach Gruppengröße, Wissensstand und Erfahrung hinsichtlich OKRs kann es hilfreich sein, als Moderator:in sehr präsent in den Kleingruppenarbeit zu sein, sodass etwaige Fragen und Unsicherheiten schnell geklärt werden können.
- Zwei kurze Pausen finden in Abstimmung mit den Teilnehmenden statt.
- In der digitalen Playbox steht dir die Agenda als Download zur Verfügung.

Der vorgestellte Ablauf ist als exemplarisch anzusehen und kann nach Belieben verkürzt, geteilt oder ergänzt werden. Am Ende ist das Ziel des Planning-Workshops zum OKR-Alignment, ausreichend gute OKR-Sets fertig zu haben. Deshalb gilt auch hier, anpassungsfähig hinsichtlich des Kontexts und der Teamdynamiken zu bleiben. Dies kann beispielsweise auch schon die Frage beinhalten, ob das ganze Team am OKR-Planning-Workshop teilnimmt. Denis Liggeri (StepStone) berichtete dazu: »Wir haben einen verpflichtenden Termin für das gesamte Team, in welchem wir auf die Strategie, die großen Themen und Priorisierungen schauen. Der zweite Termin, in dem wir dann die OKR-Sets erstellen, ist optional. Ich halte die Markteintrittsbarriere so flach wie möglich. Allerdings erinnere ich die Teammitglieder, sollten sie sich über das Ergebnis beschweren, dass es ihre Verantwortung ist, sich in den Workshops einzubringen.«

Mitunter wird das OKR-Planning von den Teilnehmenden als anstrengend empfunden. Um diesem entgegenzuwirken, hier einige Tipps aus der Praxis:

Aufsplitten des Workshops

In diesem Fall würde der Workshop in drei kurze Sequenzen (1. Kontext und Themensammlung, 2. Schreiben der Objectives, 3. Schreiben der Key Results) auf drei aufeinanderfolgenden Tagen verteilt werden. Dies kann zwei Vorteile haben. Zum einen sind die benötigten Zeitfenster kürzer und Teilnehmenden fällt es insbesondere im virtuellen Raum meist leichter, aufmerksam zu bleiben. Zum anderen können die Ergebnisse nachwirken und die Kreativität anregen. Ebenfalls ausprobiert, aber leider nur selten funktioniert, hat der Vorschlag von Christina Wodtke (2021: 261) für mich: »Set aside four and a half hours meeting: two, two-hour sessions, with a thirty-minute break. Your goal: cancel the second session. Be focused.« Meistens reizen die Teams die möglichen Zeitfenster aus.

Positiven Einstieg schaffen

Julia Ries (Media Impact) berichtete von einer Einstiegsübung in den Workshop, die zum Ziel hat, die Teilnehmenden positiv auf den kommenden Zyklus einzustimmen.

Dazu wird die Impulsfrage gestellt: »Welche OKRs haben für euch am besten funktioniert und warum? Rundum berichten die Teilnehmenden kurz, welche Formulierungen hilfreich und treffend waren, wo die Messbarkeit und die Fortschrittsintervalle gut funktioniert haben und woran sich das Team gut orientieren konnte. Auf die festgehaltenen Erkenntnisse kann man dann während der OKR-Workshops referenzieren.«

Breakouts: Arbeit in kleineren Gruppen

Auch bei bereits kleinen Teams (vier bis zehn Personen) lohnt es sich, auf Kleingruppenarbeit zu setzen, da dies tendenziell nicht nur schneller, sondern auch zu besseren Ergebnissen führt. Lin Liu (SAP) teilt diese Erfahrung, insbesondere, wenn es um das konkrete Schreiben geht: »In Breakouts funktioniert das einfacher mit den Formulierungen.«

Eine ebenfalls hilfreiche Intervention ist die Methode: »Eins-Zwei-Vier-Alle« (bekannt als 1-2-4-All) aus den Liberating Structures. Die Liberating Structures sind eine wunderbare Sammlung an Methoden, die Menschen in Besprechungen und Workshops besser einbindet. »Eins-Zwei-Vier-Alle« kann gut beim Schreiben der Objectives angewandt werden. Zunächst schreibt jede Person einzeln mögliche Formulierungen auf eine (digitale) Karte. Nach drei Minuten werden die Formulierungen mit einer Person für weitere sechs Minuten weiterentwickelt. Anschließend werden maximal drei Formulierungen aus der Paar-Diskussion mit einem weiteren Paar diskutiert. Aus diesem zehnminütigen Gespräch zu viert gehen wiederum drei Formulierungsvorschläge hervor, welche dann mit allen final diskutiert werden.

Ein typisches Phänomen, das in sehr vielen OKR-Workshops auftritt, ist, dass Teilnehmende zwischen unterschiedlichen Themenblöcken in der Agenda (oder sogar darüber hinaus) hin- und herspringen. So kann es sein, dass wir eben noch über Objectives sprechen, jemand allerdings unbedingt eine konkrete Lösungsidee im Kopf hat und diese loswerden möchte.

Judith Braun (Deutsche Telekom) hat hierzu die Gedanken-Sortier-Tabelle entworfen. Diese ist inspiriert vom Dynamic-Facilitation-Ansatz, der in den 1980er-Jahren von Jim Rough entwickelt wurde. Im Kontext von OKR berichtet Judith Braun (Deutsche Telekom) dazu: »Das menschliche Gehirn ist nicht dafür gemacht, linear zu denken. Wir lassen das geschehen und notieren das. Das kennt wahrscheinlich jeder, der schon mal einen OKR-Workshop moderiert hat. Da geht man automatisch dazwischen, um die Teilnehmenden zu leiten, beispielsweise, dass sie jetzt keine Maßnahmen, sondern Key Results notieren. Und ein paar Minuten später springen sie von konkreten Zahlen, zu Stakeholdern und weiter zum Objective. Die Tabelle hilft, die Gedanken zu sortieren und für alle festzuhalten. Ich verorte dann den Gedanken in der Tabelle und schaffe so Transparenz. Das hilft den Teilnehmenden, da der Gedanke nicht weg ist und wir später wieder darauf zugreifen können.«

Die Gedanken-Sortier-Tabelle

Sichtweise & Informationen	Heraus-forderungen	Zahlen & Daten	Maßnahmen & Ideen

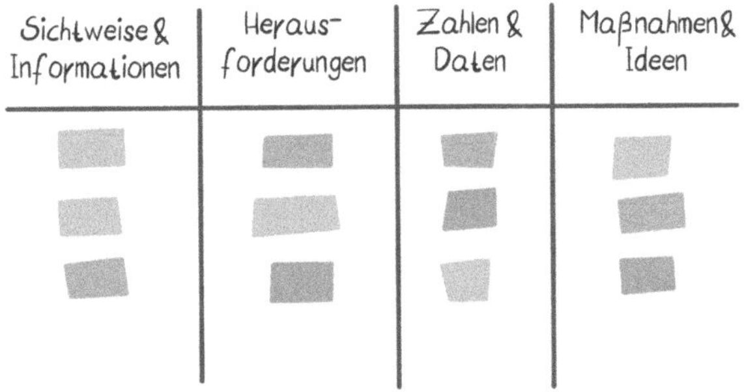

Abbildung inspiriert durch Judith Braun – Deutsche Telekom

In eine ähnliche Richtung gehen auch die Hacks von Denis Liggeri (StepStone) und Mathias Böni (Murakamy). Beide organisieren die entstehende Dynamik zum Beispiel durch Felder wie »1. Must-haves«, »2. Nice-to-haves«, »3. Park for now« und »4. Not relevant now« (Denis Liggeri) oder wie »Nicht jetzt (Not now)« (Mathias Böni). Letzteres beschreibt Mathias als wirksame Methode, Fokus, insbesondere schon auf der Unternehmensebene, zu schaffen. Der Bereich »Not now« sei sein Lieblingsbereich in einem Workshop, wo er den Teilnehmenden Mut macht, bewusst alle Key Results dorthin zu verschieben, die entweder nicht in das Company-Set einzahlen, wo benötigte Abhängigkeiten durch andere Teams nicht geleistet werden können oder für die es im eigenen Team wegen neuen, wichtigeren Themen realistisch keine Kapazitäten mehr gibt.

Wie viel Zeit planen Teams für die Arbeit an den OKR-Sets ein?

Mit der Planung der OKR-Sets für den kommenden Zyklus geht oft auch die Frage einher, wie viel der Arbeitszeit tatsächlich für die Arbeit an OKRs verwendet werden soll. Das diese Frage stark davon abhängt, welcher primäre Nutzen mit OKR erreicht werden soll, also auch, wie die OKR-Architektur aufgesetzt ist, lässt sich diese auch nicht pauschal beantworten. Dennoch lassen sich einige Fragen festhalten, die es wert sind, zu erkunden und die OKR-Coaches als Interventionsfragen in der Hinterhand haben könnten:

1. Für was nutze ich OKR hauptsächlich und was resultiert daraus für meine Ressourcenplanung?
2. Wie schätze ich die Komplexität und den Aufwand für die Key Results ein?
3. Wie ambitioniert plane ich?
4. Welche Fähigkeiten benötige ich, um das jeweilige Ziel zu erreichen?

In den vorangegangenen Kapiteln sind wir bereits auf die Anwendungsfelder von OKR eingegangen und in welchem Ausmaß OKR eingesetzt wird. Dabei sei daran erinnert, dass OKRs sich im besonderen Maße als hilfreiches Werkzeug zur gemeinsamen, strategischen Ausrichtung bewährt haben. Frauke von Polier (Viessmann) unterstreicht dies deutlich: »Das operative Geschäft, das ich inkrementell verbessere, ist schwierig in OKRs abzubilden. Das muss ich aber berücksichtigen, zum Beispiel bei der OKR-Ressourcenplanung bedenken.«

Im Sinne einer radikalen Fokussierung, erkläre ich den Teams, dass idealerweise neunzig Prozent ihrer Arbeit auf die Erreichung der OKR-Sets einzahlen. In der Praxis gibt es meiner Erfahrung nach allerdings viele Mischformen (Geteilte OKR-Sets, noch nicht erledigte Aufgaben aus vorangegangen OKR-Zyklen, Anteil an eingeplanten Wetten, Projektarbeit an Kund:innen-Projekten), sodass mutmaßlich ein Fokus von fünfzig bis fünfundsiebzig Prozent auf die eigenen OKRs schon sehr gut wäre. Ein Beispiel dazu steuert Judith Altemark (BabyOne) bei, die vor der Herausforderung steht, wie sie mit crossfunktionalen Teams und Projekten umgehen soll: »Was mache ich denn, wenn ich ein Projektteam habe, das über OKRs ihren Beitrag zur Strategie steuert, gleichzeitig die Teammitglieder aber zu fünfzig Prozent ihrer Arbeitszeit im eigentlichen Team und damit auch an dessen OKR-Sets arbeiten. Ich will vermeiden, dass Mitarbeitende in zu vielen OKR-Sets drin sind, weil das ja nicht im Sinne des Erfinders sein kann, wenn wir uns fokussieren wollen. Wir versuchen, nicht nur dies transparent zu machen, sondern schon, das zu vermeiden – jede:r Mitarbeiter:in soll nur an einem Set beteiligt sein.«

Insbesondere in Gesprächen mit Firmen, die einen großen Anteil an Projektgeschäft haben, ist immer wieder die Frage aufgekommen, wie mit ungeplanten Kund:innenanfragen während des Zyklus umgegangen wird. Hier hilft es ebenfalls, die Erwartungen transparent zu machen und so den Planungs- und Fokusmuskel mithilfe von OKR aufzubauen. Meine Empfehlung lautet hier, mit einem Korridor zu arbeiten, der klar macht, wie viel Arbeitszeit auf was verwendet wird (zum Beispiel zwischen vierzig und achtzig Prozent). Die Teams leiten für ihre Planung einen erfahrungsbasierten Schätzwert (zum Beispiel fünfzig Prozent) ab und validieren diesen am Ende des Zyklus.

Ein inspirierendes Beispiel brachte in diesem Zusammenhang Christina Lerch (pentacor) ein, die im Unternehmen über den sogenannten Ententanz sicherstellen, dass die Ressourcen gleichmäßig verteilt sind. In Vorbereitung auf dieses Ereignis, werden die potenziellen Ziele im Team vorgestellt, diskutiert und priorisiert. Zum eigentlichen Ententanz können alle Mitarbeitenden ihre vorab gemeldeten verfügbaren Kapazitäten (repräsentiert durch limitierte Post-its auf einem digitalen Whiteboard) den Zielen gemäß der Priorisierung zuordnen. Dadurch wird sichergestellt, dass nicht mehr Ressourcen verplant werden, als verfügbar sind. Der Teil des Workshops hat den Namen »Ententanz« aufgrund des entsprechenden Kinderlieds, das zum Beginn des Workshops sogar eingespielt wird. Der Spaß darf auch bei OKR nicht zu kurz kommen.

Neben der Schätzung der tangierenden Tätigkeiten, zum Beispiel aus dem Projektgeschäft, ist es sehr sinnvoll, sich auch über den Umfang der OKR-Sets Gedanken zu machen. Aus den agilen Rahmenwerken wie Scrum und Kanban lassen sich da einige Methoden, wie die relative Schätzung hinsichtlich Komplexität und Aufwand übernehmen.

Frauke von Polier (Viessmann) erklärte beispielsweise, dass »die Key Results in T-Shirt-Größen, wie S, M, L und XL eingeschätzt werden können. Dies ermögliche, ein besseres Gefühl für den Aufwand zu bekommen.«

Für diese Art der Schätzung ist es natürlich hilfreich, sich noch einmal darauf zu verständigen, wie ambitioniert das Team plant. Handelt es sich um Ziele, bei denen wir uns zutrauen, diese zu hundert Prozent zu erreichen oder wären siebzig Prozent Zielerreichung schon ein großer Erfolg? Auch dieses gilt es, transparent zu machen und je nach Bedarf zum Beispiel die Anzahl der Key Results zu reduzieren und dafür die verbleibenden ambitionierter zu formulieren.

Nun können wir uns jede Menge Gedanken zum perfekten OKR-Planning machen, doch in der Praxis empfiehlt sich immer wieder eine Sache ganz besonders: Aktives Erwartungsmanagement. Das betrifft eigene wie fremde Erwartungen. Meine Erwartung an mich als OKR-Coach ist dabei, das jeweilige Team zu begleiten, ein aus ihrer Sicht qualitativ wertiges OKR-Set zu erstellen und abgestimmt zu haben. Die Wahrscheinlichkeit, dass es mit den beschriebenen Ansätzen funktioniert, ist für mich hoch. Eines erwarte ich jedoch nicht, und zwar, dass ich mit allen Teilnehmenden einen echten Konsens erreiche.

Ich folge da eher dem Ansatz »Disagree and Commit«, den Jeff Bezos, Gründer von Amazon, 2016 in seinem Brief an die Aktionär:innen wie folgt schilderte: »Look, I know we disagree on this, but will you gamble with me on it? Disagree and commit?« Bezogen auf die OKR-Workshops bedeutet dies: Nicht jede Idee, jeder Person wird berücksichtigt. Das ist einfach nicht praktikabel. Lasst uns trotzdem zusammen die geplanten OKR-Sets erreichen.

Dieses Mantra, das sich besser fühlen, als beschreiben lässt, ist für mich ein Signal für ein erfolgreiches OKR-Planning. Die Teammitglieder sind zuversichtlich, dass die gesetzten Ziele und Messkriterien auf Basis des jetzigen Wissenstands genau die Richtigen sind und durch die gemeinsame Erarbeitung haben sie im besten Fall »Skin in the Game«. Weiter können sie es kaum erwarten, von den Teams, insbesondere diejenigen zu denen sie Abhängigkeiten haben, Feedback zu ihren OKR-Sets einzuholen. Im besten Fall organisieren sich die Teams selbstständig bereits vor dem eigentlichen OKR-Alignment-Workshop, um notwendiges Feedback schon vorab zu bekommen, beispielsweise durch Posten oder Offenlegen der Entwürfe in entsprechenden internen Kommunikationskanälen.

6.2 Alignment – Wie gemeinsame Ausrichtung in Organisationen entsteht

Alignment ist das englische Wort für Ausrichtung und beschreibt unter anderem auch ein Verhalten von Schwarmtieren, wie zum Beispiel Heringen. Diese orientieren sich aneinander, bewegen sich in eine gemeinsame Richtung und Entkommen so potenziellen Angreifern besser. Jetzt ist ein Vergleich von Heringen und Menschen weit hergeholt, dennoch ist das Bild eines dynamisch umherschwimmenden Fischschwarms ein sehr gutes, um zu beschreiben, wie sich ein gutes OKR-Alignment in Organisationen für die Menschen anfühlt. Das Unternehmen schlägt für den kommenden Zyklus eine Bewegungsrichtung ein und die einzelnen Teams richten ihr Handeln daran und aneinander aus.

Was ist das OKR-Alignment? Was soll durch das Alignment erreicht werden?

Das OKR-Alignment ist als Zeitfenster zu verstehen, in dem verschiedene Abstimmungsschleifen im Unternehmen stattfinden. Mit den OKR-Set-Entwürfen im Gepäck stimmen sich Menschen und Teams in unterschiedlichsten Konstellationen ab. Meist beinhaltet diese Phase einen OKR-Alignment-Workshop, auf den ich im weiteren Verlauf noch genauer eingehen werde. Auch beim Alignment gilt: Die gemeinsame Ausrichtung kann durch einen Workshop erfolgen, kann allerdings auch durch (bilaterale) Abstimmungsrunden geschehen.

Im besten Fall entsteht, wie Doris Leinen (DB Systel) beschreibt, etwas ganz Wunderbares, wenn Teams entdecken: »Ach, das wollt ihr auch machen? Dann lasst es uns doch gemeinsam und sogar noch besser machen. Das ist so wunderbar, da kriege ich richtig Gänsehaut.«

Ein gutes Alignment kann in besonderem Maße das Zusammengehörigkeitsgefühl stärken, wenn die Beteiligten sehen, wie die einzelnen Ziele auf das gemeinsame große Ganze einzahlen. Dies setzt allerdings voraus, dass die Beteiligten verstehen, dass dies keine kommunikative Einbahnstraße ist. Damit ist gemeint, dass es um Geben und Nehmen geht. Teams teilen ihre OKR-Sets, nicht nur um Feedback oder Zustimmung zu erhalten, sondern auch, um Unterstützung zu bekommen. Das ist insbesondere dann ausschlaggebend, wenn Teams untereinander Abhängigkeiten haben. Gleichzeitig ist eben auch dieses Team Feedbackgeber und sollte durchaus kritisch, die vorgestellten OKR-Sets unter die Lupe nehmen. Denn sollte eine Abhängigkeit zu diesem Team bestehen, könnte dies auch indirekt die eigenen Ambitionen im Team beeinflussen. Denis Liggeri (StepStone) fordert diesbezüglich auch ein: »Als Product Manager frage ich beispielsweise nach den Metriken von anderen Teams und welche Zahl dadurch beeinflusst wird. Wenn es dann keine gibt, dann sieht es manchmal auch schlecht aus.«

Ich bin fest davon überzeugt, dass ein funktionierendes Alignment (eine gemeinsame Ausrichtung) über ein gemeinsames Verständnis, wohin die Organisation möchte, transparente Kommunikation und harte Verhandlungen erzeugt werden kann. Beim Alignment der verschiedenen Bereiche und Teams werden die Karten auf den Tisch gelegt und es wird transparent gemacht, wo es mit der Unternehmung hingehen soll und wer was dafür einbringt.

Welche Formen von Alignment gibt es?

Eine gemeinsame Ausrichtung an gemeinsamen Zielen kann in verschiedenen Formen stattfinden:

- Transparenz schaffen, beispielsweise im Intranet, spezieller OKR-Software, aber auch offener Austausch über die geplanten OKR-Sets in einem frühen Stadium.
- Vertikale Abstimmung, beispielsweise durch Andocken der OKR-Sets an Bereichs- oder Unternehmensziele.
- Horizontale Ausrichtung, beispielsweise durch Abstimmung mit anderen Bereichen.
- Geteilte OKR-Sets (Shared OKRs), das heißt, zwei Teams aus unterschiedlichen Bereichen verantworten ein gemeinsames OKR-Set.

Vertikales Alignment

Mit der vertikalen Form der Ausrichtung ihrer Einheiten sind die meisten Unternehmen bereits vertraut, da sich das für viele nach einem klassischen Herunterbrechen von Ziele anfühlt. Ziele werden in einer Zielpyramide angeordnet und Unterziele werden aus ihren übergeordneten Oberzielen abgeleitet. Ein Beispiel wäre der bekannte Management-by-Objective-Ansatz (MBO).

Nehmen wir mal an, es gibt eine strategische Entscheidung des Unternehmens, einen Großteil der technologischen Infrastruktur in die »Cloud« zu verlagern. Über eine vertikales Alignment lässt sich die Ausrichtung nicht nur »von oben nach unten« einfordern, sondern gleichzeitig können und sollen Teams auch »von unten«

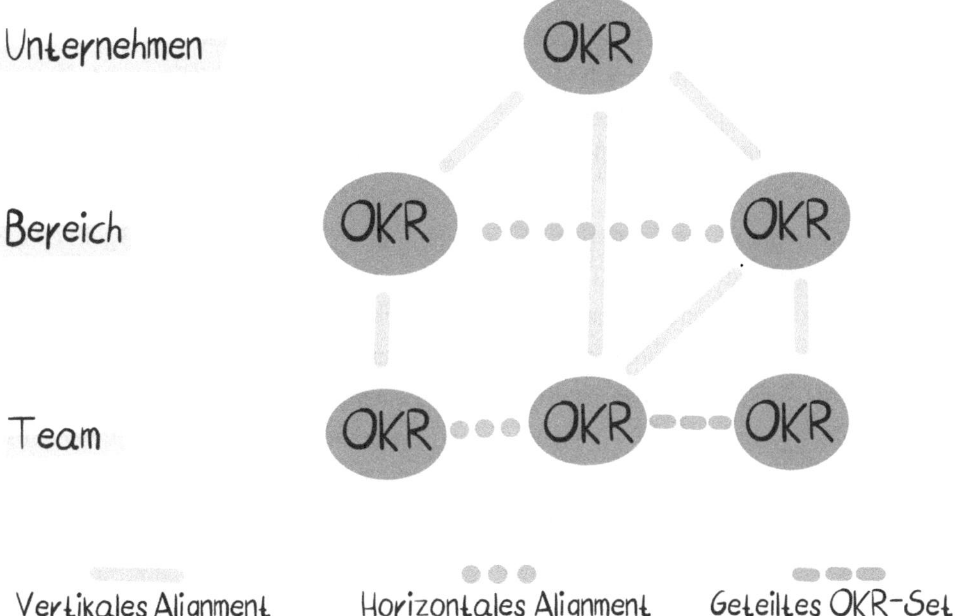
Varianten des Alignments
Unternehmen
OKR
Bereich
OKR
OKR
Team
OKR
OKR
OKR
Vertikales Alignment
Horizontales Alignment
Geteiltes OKR-Set

ihre Ideen einbringen. Damit meint vertikal, Verhandlungen von beiden Seiten: top-down und bottom-up. In diesem Rahmen lassen sich auch wirkungsvolle Feedbackschleifen etablieren, beispielsweise über Diskussionsforen im Intranet (Aufruf zum Feedback geben) oder durch (anonyme) Umfragen. Mittlerweile lassen sich auch sehr leicht Onlineumfragen aufsetzen, die es ermöglichen, früh Feedback zu OKR-Sets einzuholen.

Für manche Organisationen mag Klarheit in der vertikalen Ausrichtung von OKR-Sets und damit letztlich einer Transparenz dessen, was in der gesamten Organisation wozu gemacht wird, schon einmal ein großer Gewinn sein. Die eigentliche Magie entsteht, meiner Erfahrung nach, allerdings erst in der Kombination mit einem horizontalen Alignment. Das ist der schmerzhafte und schöne Moment zugleich, wenn wir Abteilungsmauern einreißen. Das ist der Moment, in dem wir uns aufmachen, das immer wieder anzutreffende Silodenken durch ein gemeinsames Denken zu ersetzen. Schmerzhaft, weil wir dadurch anerkennen müssen, wie sehr und wie oft wir in unserem jeweiligen Silo unterwegs sind, so schön, wenn wir erkennen, wie wir einander brauchen, um ein für alle wichtiges Ziel effektiver zu erreichen.

Horizontales Alignment

Mit dem horizontalen Alignment sind all die Gespräche und Interaktionen außerhalb unserer Teamgrenzen gemeint, die nicht durch das vertikale Alignment abgedeckt sind. Sie sind unsere Achillessehne und in vielen Fällen kann eine Zielerreichung maßgeblich davon abhängen. Teams sprechen, initiiert durch OKR-Prozesse endlich bereichsübergreifend über ihre Ziele. Dies ist ein wesentlicher Unterschied zu den klassischen Zielsetzungssystemen, wie Daniela Kudernatsch (2020: 90) festhält: »Gerade diese horizontalen und bereichsübergreifenden Abstimmungen und Vereinbarungen fehlen bei klassischen MbO-Prozessen. Es werden unzählige Zielvereinbarungen in Eins-zu-Eins-Dialogen getroffen und vertikal vereinbart, jedoch werden in keiner Weise die Zusammenhänge oder Beziehungen zwischen benachbarten Bereichen oder Abteilungen berücksichtigt.«

Im horizontalen Alignment stecken, meiner Erfahrung nach, auch wenn es manchmal schmerzhaft ist, viele und sehr weitreichende Verbesserungsmöglichkeiten für Unternehmen. Das sind die eigentlichen Superkräfte, die OKR entfachen kann, eben genau dies gezielt zu fördern.

Ein Punkt beobachte ich immer wieder: Im schlimmsten Fall wird durch ein vertikales Alignment ein Silodenken sogar noch gefördert und Teams feiern sich im Kleinen und in ihren Bereichen, ohne das Große gemeinsam verändert zu haben. In der Praxis sollten insbesondere Führungskräfte deshalb mit gutem Beispiel vorangehen und horizontale Abstimmungen vorbildhaft vorantreiben. Die OKR-Sets werden miteinander verbunden, sobald eine Abstimmung dazu erfolgt ist.

Eine Variante kann dabei zum Beispiel ein geteiltes OKR-Set sein. Felipe Castro, OKR-Experte aus den USA, verwendet dafür den Begriff »Shared OKR«. In diesem Fall entscheiden sich mehrere Teams, unabhängig von der Organisationsstruktur, ihre Ziele gemeinsam aufzusetzen und zu verfolgen. Sie bilden ein gemeinsames OKR-Set. In unserem Beispiel »Cloud« könnten sich ein Team »Personalentwicklung« mit dem Bereich der »Softwareentwicklung« zusammenschließen, um im kommenden Zyklus gemeinsam eine Weiterbildung zu »Cloud Learning« anzubieten. Das gemeinsame OKR-Set kann durch die erhöhte Transparenz und im positiven Sinne erzwungene Zusammenarbeit Abteilungsgrenzen sehr gut aufweichen.

Im Idealfall führt die Kombination von vertikalem und horizontalem Alignment schon zu den erwünschten Effekten, wie ein klareres Bild und Verständnis über bestehende Abhängigkeiten. Meiner Erfahrung nach entstehen Bedarfe an Shared OKRs auf natürliche Weise aus den Bedürfnissen der Teams heraus. Eine gute Hilfe kann hier ein interner oder externer OKR-Coach sein, der dann insbesondere Führungskräfte dahingehend begleitet, diese Möglichkeiten für sich auszuprobieren. Zudem hilft dieser auch, zwischen den Bereichen zu vermitteln.

Was kein Alignment ist

In der Praxis tauchen aber auch immer wieder Fälle auf, bei denen scheinbar ein vorgenommenes Alignment nicht ausreichend ist. Ein beliebter Satz, der mir schon sehr oft begegnet ist, lautet: »Ich habe das aber ins OKR-System eingetragen.« Doch nur, weil eben eine Software mit Daten gefüttert wurde, heißt das ja nicht, dass die betroffenen Teams tatsächlich Bescheid wissen und vor allem ihr Verhalten entsprechend der Eintragung ist. Alignment bedeutet, wir erinnern uns an das Bild des Fischschwarmes, dass sich die Akteure tatsächlich auf ihre OKR-Sets und aneinander ausrichten. Diese Erfahrung machte auch Sascha Wegner (OTTO), der in seiner Rolle als OKR-Coach insbesondere den Führungskreis begleitete und diesen aufklärte: »Nur weil du das da reingeschrieben hast, heißt das ja nicht, dass der andere das weiß und Kapazitäten dafür hat.«

Nun sind transparente OKR-Sets schon mal ein erster Schritt auf dem gemeinsamen Weg, dennoch benötigt es, meines Erachtens, eine sehr hohe Kompetenz in asynchroner Arbeitsweise, bei der auf synchrone Abstimmungsvarianten teilweise oder sogar ganz verzichtet werden kann. Julia Ries (Media Impact) erklärte, dass sie zukünftig das Alignement live machen werde, weil: »Wir wollen die Menschen zusammenbringen, die sich zu gemeinsamen Zielen austauschen und Abstimmen sollten. Bei Präsenz-Events wollen wir dieses Ziel mit dem Angenehmen verbinden und unsere Erfolge feiern.«

Wie sieht ein Alignment Workshop aus?

Der OKR-Alignment Workshop findet nach dem OKR-Planning der Teams statt. Meist wenige Tage vor dem Start des neuen OKR-Zyklus. Die Anzahl an Teilnehmenden ist sehr stark abhängig von der jeweiligen OKR-Architektur. Sollte sich das Unternehmen für einen Großgruppenansatz entscheiden, können schnell, je nach Unternehmensgröße, mehrere hundert Menschen in einem (virtuellen) Raum zusammenkommen, um ihre OKR-Sets miteinander abzustimmen. Hier ist in besonderem Maße Kreativität gefragt, um den Schwarm der eigenen Teilnehmenden tatsächlich ins Gespräch miteinander zu bringen, denn darum geht es ja schließlich. Gleichzeitig gilt es auch, die Balance zu halten. Die Redensart »viele Hände, schnelles Ende« trifft aber in solchen Großgruppenworkshops im Normalfall nicht zu. Meist schicken die Teams jeweils ein:e Botschafter:in zum OKR-Alignment. Vom Zeitaufwand sind zwischen zwei Stunden und zwei Tagen für einen Alignment Workshop zu kalkulieren. Wesentliche Faktoren sind hierbei der OKR-Erfahrungsgrad der Anwesenden sowie die geleistete Vorbereitung. Letztere ist unbedingt nötig und das Geheimnis eines jeden erfolgreichen Alignment-Workshops. Der Output des OKR-Plannings, die OKR-Sets, haben im Idealfall schon vor dem eigentlichen Workshop alle notwendigen klarheitsverschaffenden Konversationen getriggert, sodass der OKR-Alignment-Workshop nur noch das abschließende Einschwören auf den neuen OKR-Zyklus darstellt. »Wie diese Vorbereitung aussieht, wird den Teams überlassen«, berichtet Judith Braun (Deutsche Telekom): »Das macht jeder anders: telefonieren oder auf ein Miro-Board packen. Im gemeinsamen Workshop geht es dann um den Feinschliff. Die Teilnehmer:innen haben die Diamanten schon dabei und dann überlegen wir, ob das ein Collier oder ein Ring wird.«

Judith Altemark (BabyOne) lernte aus ihren ersten Workshops und passte dann folglich ihre Vorbereitung an: »Wir starten etwa drei bis vier Wochen vor dem Quartalswechsel mit dem Sammeln der Themen. Das Ganze ist dann ein iterativer Prozess. Für die abteilungsübergreifende Abstimmung haben wir mittlerweile eine einfache Übersicht angefangen. Dort machen die Abteilungen bereits deutlich: wer braucht was von wem? Wir haben festgestellt, dass das nicht reicht, wenn es erst im Alignment-Workshop vorgestellt wird.«

Der folgende Workshop-Ablauf ist ein Beispiel für einen Alignment-Workshop in Präsenz. Das Ganze kann auch komplett online stattfinden (Tipps und Tricks rund um die Onlinedurchführung werden in Kapitel 6.4 detailliert behandelt). Für einen OKR-Alignment-Workshop empfiehlt sich in jedem Fall eine kompetente Moderation, zum Beispiel durch den OKR-Champion oder OKR-Coaches.

Agenda für einen dreistündigen Workshop mit zwölf Teams mit je mindestens zwei Personen

Zeit	Thema	Methode
5 Minuten	**Check-in:** Ziele des Workshops erläutern. Stimmungsbild: Auf einer Skala von 0 = sehr schlecht bis 10=sehr gut, wie gut fühlt ihr euch auf das heutige Alignment vorbereitet?	Die Teilnehmenden stellen sich im (virtuellen) Raum auf einer Linie auf.
5 Minuten	**Kontext:** Kurze Vorstellung der Unternehmensvision, -mission und der strategischen Richtungen.	Präsentation
5 Minuten	**Ablauf:** Kurze Erläuterung der Agenda insbesondere, wie das Marktplatz-Konzept funktioniert.	Präsentation
60 Minuten	**Der Pitch:** Jedes Team bekommt fünf Minuten Zeit, seine OKR-Sets zu verkaufen. Dabei macht es deutlich, auf welche Ziele es einzahlt (vertikal oder horizontal) und wessen Unterstützung es benötigt (Abhängigkeiten). Die anderen Teams notieren sich ihre Fragen und Feedback auf Haftnotizen.	Präsentation
75 Minuten	**Der Marktplatz:** Ein Teammitglied hängt die OKR-Sets an der vorgesehenen Stelle im Raum aus und bleibt zur Beantwortung von Fragen und Feedback am Stand. Das zweite Teammitglied läuft über den Marktplatz gibt Feedback und klärt Abhängigkeiten. Nach Bedarf: Dynamische Anpassung der OKR-Sets.	Dynamische Diskussionen in Kleingruppen
60 Minuten	**(Zu-)Stimmungscheck:** In der Großgruppe wird abschließend die Zuversicht abgefragt. Dazu wird reihum jedem Team die Fragen gestellt: Wie zuversichtlich bist du, dass ihr als Team die vorgestellten Ziele am Ende des OKR-Zyklus erreicht haben werdet? Und warum?	Plenum
20 bis 60 Minuten	**Nach Bedarf:** Den Teams noch den Raum offen lassen für weitere Gespräche.	

Hinweise zu Durchführung:

- Der Workshop kann in Präsenz oder online durchgeführt werden.
- Für einen Workshop sollten entsprechend große Räumlichkeiten genutzt werden, sodass alle Teams die Möglichkeit haben, ihre OKR-Sets zu präsentieren.
- Ebenso empfiehlt es sich, ausreichend Haftnotizen (12,6 × 7,6 Zentimeter) in verschiedenen Farben, schwarze Filzstifte und Kreppband bereitzustellen.
- Zusätzlich können ein Timer für ein gutes Timeboxing und ELMO als Stofffigur (siehe Hack weiter unten) hilfreich sein.
- Die Pausen werden nach Bedarf eingeplant.
- Downloadmaterial: Die Agenda und ein Link zu einer »Miro-Vorlage« stehen dir in der digitalen Playbox zum Buch zur Verfügung.

Hack: ELMO / *ELMO ist eine fiktive Figur aus der Sesamstraße. Im Kontext von Workshops nutzt Dennis Liggeri (StepStone) diese als Signal, um ausschweifende Diskussionen zu unterbrechen. ELMO ist in diesem Fall ein Akronym für »Enough, let's move on!«. Diese Intervention kann von jeder Person im Workshop eingesetzt werden, wenn sie das Gefühl hat, eine weitere Diskussion eines Themas sei nicht notwendig. In Präsenzveranstaltungen haben wir dazu eine Stofffigur oder Karten mit ELMO hochgehalten. Im virtuellen Kontext wird dazu meist der Chat oder ein Bild von Elmo auf einem digitalen Whiteboard genutzt.*

Der vorgestellte Workshop stellt wiederum ein Beispiel dar, wie Gespräche zwischen Menschen angestoßen werden können. Auch hier gilt: Nutze die Agenda gerne als Startpunkt und passe diesen nach deinen situativen Bedürfnissen im Workshop an.

ELMO

Das OKR-Alignment kann je nach Anzahl der Teilnehmenden und Intensität der Gespräche eine eigene Dynamik entwickeln. Einige Themen, die in der Phase des Alignments Aufmerksamkeit verdienen, werden wir im Folgenden betrachten.

Wie viel Feedback hilft?

Mit dem OKR-Alignment werden die Mitarbeitenden ermutigt, Feedback zu geben. Dies ist gut, es sollte doch gleichzeitig im Auge behalten werden, in welchem Maße dies hilfreich ist. Diese Beobachtung machte beispielsweise Paul Rodoreda (Haufe Talent). Bei Haufe Talent ist das OKR-Alignment eine virtuelle Vernissage. Die Teams stellen ihre OKR-Sets in das eigens dafür entwickelte Produkt ein und erhalten sowie geben Feedback. In diesem Zuge ist aufgefallen, dass »nicht jedes Feedback hilfreich ist«, wie er berichtet. Weiter erzählt er: »Teams waren teilweise durch das Feedback verunsichert. Deshalb haben wir interveniert und klar kommuniziert, dass in erster Linie nur die Mitarbeitenden Feedback zu den OKR-Sets geben sollten, die über Wissen im jeweiligen Bereich verfügen, beziehungsweise in einer direkten Abhängigkeit zum Team stehen.«

Eine OKR-Community kann in solchen Fällen wertstiften und wenn nötig passende Maßnahmen ableiten.

Wie klar sind die Abhängigkeiten?

Absolute Gewissheit in einer Welt der sich rasant verändernden (Markt-) Bedingungen wird auch mit OKR als Rahmenwerk nicht erreicht werden. Über das Alignment versuchen wir zumindest, über das, was schon bekannt ist, Transparenz zu schaffen. Dies ist bei potenziellen Abhängigkeiten immens wichtig, denn hier geht es darum, die Konsequenzen der Entscheidungen klarzumachen. In den Interviews tauchten dazu einige Vorschläge auf, wie das methodisch unterstützt werden kann.

Judith Altemark (BabyOne) erzählte beispielsweise, dass sie nicht nur den Aufwand, sondern auch die Abhängigkeit schätzen: »Wir haben gelernt, dass es hilfreich ist, schon vorab eine Schätzung einzuholen, wie groß die Abhängigkeit ist. Eine Abteilung von uns hat dazu Maus (sehr kleine Abhängigkeit) – Ente (mittlere Abhängigkeit) – Elefant (sehr große Abhängigkeit) eingeführt. Wenn also jemanden einen Elefanten mit mir hat, sollte ich mir unter Umständen überlegen, dies in meiner Planung und vielleicht sogar in einem Key Result zu berücksichtigen.«

Daniel Schönheim (Eurowings) verwendet das »OKR spiderweb«, um im OKR-Alignment die Teams zu unterstützen, ihre Abhängigkeiten auch visuell wahrzunehmen. Dazu zeichnet er für jedes Team einen Kreis auf ein (digitales) Whiteboard. Dann werden die Fragen gestellt: »Wen brauchst du, um deine Ziele zu erreichen? Wer bekommt was von dir?«. Dadurch entstehe ein Spinnennetz an Verbindungen, »die zu AHA-Momenten geführt haben«, berichtet er.

Gleichzeitig gilt es auch, bei all der angestoßenen Diskussion über Abhängigkeiten zu vermeiden, dass die Gespräche in eine Art Mikromanagement abdriften. Sascha Wegner (OTTO) sieht hier die Notwendigkeit der Teilnehmenden und erzählt von einem Alignment auf Bereichsleitungsebene: »Wir haben die Abhängigkeiten gemappt und dann gab es Listen mit Themen und da wurde kleinteilig aufgelistet, welches Team eine Abhängigkeit zu wem hat. Das gilt es dann, zu moderieren und den Hang zu Mikromanagement zuzulassen und sukzessive in den kommenden Iterationen zu begleiten, indem die Führungskräfte ermuntert werden, Detailfragen bilateral zu besprechen oder von den Teams beantworten zu lassen.«

Ownership: Wer ist verantwortlich?

In den vergangenen Kapiteln habe ich bewusst vom Team als Einheit gesprochen, die für die Planung und Umsetzung ihrer Ziele verantwortlich sind. Dies habe ich getan, um zu vermeiden, dass OKR-Sets als eine Angelegenheit des Managements wahrgenommen werden. In der konkreten Umsetzung ist jedoch ratsam, spätestens im Alignment die Verantwortlichkeiten klar zu ziehen und eine Person zu definieren, die das Objective und/oder Key Result verantwortet. Dies bedeutet nicht, dass diese Person alleinig das Key Result umsetzt, aber sie ist das Gesicht, weiß jederzeit Bescheid, wie es um das Key Result steht, koordiniert und triggert unter Umständen das Updaten der Key Results rechtzeitig an. Bei TESVOLT, erzählt Tjorven Niels Graßnick, »koordiniert der Objective-Owner und die Key-Result-Owner kümmern sich darum, dass regelmäßig gemessen wird.«

Auch bei den Verantwortlichkeiten kommt das Thema Transparenz wieder ins Spiel. Bei Viessmann berichtet Frauke von Polier, dass nicht nur diejenigen für die Organisation transparent sind, die das Key Result verantworten (= Owner), sondern auch diejenigen, die dazu beitragen (= Contributor).

Die Frage, wer beiträgt und wer verantwortet, kann nach Team, Projektphase und entsprechendem Schwerpunkt der Arbeitspakete von Zyklus zu Zyklus variieren. Julia Ries (Media Impact) beschrieb diese Entscheidung sehr bildlich, wie sich die Teammitglieder klar darüber werden müssten: »Will ich auf dem Platz stehen oder will ich Cheerleader sein?«

Wie erreiche ich Zustimmung?

In der Theorie gibt es eine einhundertprozentige Zustimmung zum OKR-Set. In der Praxis habe ich noch nie eine einhundertprozentige Zustimmung erlebt. Selbst wenn alle Hände nach oben gehen, mutmaße ich, dass nicht alle Teilnehmenden auch innerlich vollständig zustimmen und das ist auch in Ordnung. Nicht jede Person muss sich in jedem OKR-Zyklus gleichermaßen mit den Zielen identifizieren. Auf der anderen Seite sollten Teammitglieder die Umsetzung der OKRs auch nicht bremsen. Deshalb empfiehlt Alexander Trampisch (SwissCommerce Group), das aktiv anzusprechen: »Gibt es irgendwas, was ihr nicht mittragen könnt?«

Der Grad der Zustimmung lässt sich beispielsweise auch gut über eine Skala messen (siehe Agenda »OKR-Alignment«) oder ein Daumenvoting. Hier sind die OKR-Coaches gefragt, die für die jeweilige Situation die passende Methode auszuwählen.

Mit dem Einholen des Commitments endet in der Regel der OKR-Alignment-Workshop. Dies bedeutet allerdings nicht, dass die Gespräche vorüber sind. Sehr oft haben die Teams wertvolle Anregungen erhalten, die sie dazu veranlassen, die OKR-Sets anzupassen, Zahlen zu prüfen und ihre Planung anzupassen. Um dann erfolgreich in den OKR-Zyklus zu starten, gehen die Teams in der Regel nochmal in eine Feinplanung, um aus den OKR-Sets die ersten Initiativen abzuleiten und beispielsweise das Ambitionslevel bereits konkret festzuhalten. Dies hilft am Ende des OKR-Zyklus beim Grading, der Benotung der OKR-Sets, dabei zu bewerten, wie erfolgreich das Team war.

Praxisbeispiel: OKR-Woche (METRO.digital)

Wie können wir den OKR-Planungs- und Abstimmungsprozess möglichst effektiv und effizient gestalten? Wie schaffen wir es, besser abgestimmt in das große OKR-Alignment mit anderen Bereichen zu gehen? Auf diese und weitere Fragen fand der Bereich »Customer Web Solutions« der METRO.digital im Sommer 2020 eine Antwort: Die OKR-Woche. Der Kern des Experiments bestand darin, zu validieren, wie sich das vertikale (Wie leiten wir Teamziele aus den Unternehmens- und Bereichszielen ab?) und horizontale Alignment (Wie passen die Ziele der vier Teams zueinander?) optimieren lässt.

Dazu wurden alle OKR-Ereignisse wie Review, Retrospective und Planning von den vier beteiligten Produktteams selbstorganisiert und innerhalb von einer Woche durchgeführt. Den Start der Woche bildete eine gemeinsame Besprechung, zu der alle fünfzig Mitarbeitenden aus den Teams eingeladen wurden. Bei dieser dreißigminütigen Veranstaltungen wurden die Unternehmens- und Bereichsziele vorgestellt und etwaige Fragen beantwortet. In den folgenden Tagen führten dann die Teams den Review, die Retrospective und das OKR-Planning nach ihren Bedürfnissen durch, beispielsweise in Form eines Workshops oder in asynchroner Zusammenarbeit. Alle Ergebnisse wurden auf einem digitalen Whiteboard festgehalten, sodass alle Teams die jeweiligen Ergebnisse bei ihren Planungen bereits berücksichtigen konnten. Zum Abschluss der Woche kamen alle Teams wiederum wieder für ein dreißigminütiges Meeting zusammen und stellten sich ihre Entwürfe für die OKR-Sets vor. Aus den anderen Teams als auch von der Führungskraft wurde unmittelbares Feedback gegeben, das die Teams im Anschluss direkt berücksichtigen konnten.

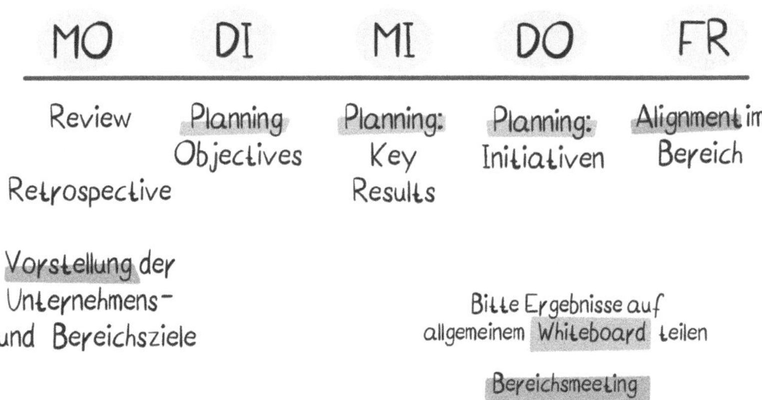

Das Konzept der OKR-Woche wurde sehr gut angenommen, da die einzelnen Ereignisse sehr kompakt in einer Woche stattfanden. Die Termine dafür wurden bereits frühzeitig in den Kalendern geblockt, sodass die Beteiligten sich entsprechend vorbereiten konnten, beispielsweise indem sie ihre Themenvorschläge schon vorab diskutiert hatten. Gleichzeitig wurde durch den strukturierten Ansatz von den Teams auch eingefordert, dass sie sich frühzeitig abstimmen. Im Anschluss an die OKR-Woche fand der Alignment-Workshop in einer größeren Runde für einen Geschäftsbereich statt.

6.3 Planning Schritt 2 – Warum sich ein Feintuning lohnt

Ich schrieb schon an anderer Stelle, dass mit dem Alignment-Workshop die Planungsphase in den seltensten Fällen wirklich fertig ist. Deshalb finde ich die Beschreibung »Planungs- und Abstimmungsschleifen« für die praktische Anwendung von OKR in Unternehmen treffender. Dieses erneute Planen nach dem Alignment ist in der Theorie nicht explizit vorgesehen, hat sich aber in der Praxis bewährt. Aus den wertvollen Diskussionen mit anderen Teams nehmen die Beteiligten meist einige Anregungen mit, die es wert sind, in den OKR-Sets berücksichtigt zu werden. Das kann beispielsweise für unser Key Result »Verkürzung der Time to hire von fünfundzwanzig auf fünfzehn Tage« aus dem vorherigen Kapitel beispielsweise bedeuten, dass ...

1. die Zahlen noch einmal validiert werden. (Beträgt unsere aktuelle Time to hire tatsächlich fünfundzwanzig Tage?)
2. die Ambitionen überprüft werden. (Mit all dem, was wir jetzt wissen, wären fünfzehn Tage Time to hire machbar?)
3. Klarheit darüber erlangt wird, wie die eigentliche Messung festgehalten wird. (Wir monitoren das, indem wir regelmäßig in unser Cockpit schauen.)
4. aus den Key Results erste Initiativen und Experimente abgeleitet werden.

Für dieses Feintuning vor dem Start benötigt es, meiner Erfahrung nach, keine großen Workshops. Die Teams sollten sich vielmehr ihrer Verantwortung bewusst sein. Wenn sie vom ersten Tag des OKR-Zyklus wirklich starten wollen, sollten sie vorbereitet sein, um zu vermeiden, dass sie als Team am Ende des Zyklus zurückblicken und sich ärgern, dass sie in den ersten Wochen mitunter orientierungslos durch die Gegend gelaufen sind. An dieser Stelle möchte ich deshalb noch einmal das Zitat von James Clear (2018: 71), Autor des Buches »Atomic Habits« in Erinnerung rufen: »Many people think they lack motivation when what they really lack is clarity.«

Es hilft den Teams, loszulegen, wenn ihnen klar ist, wie. Eine aufmerksame OKR-Community bedenkt dies in der Begleitung der Teams, beispielsweise durch das Bereitstellen entsprechender Vorlagen auf (digitalen) Whiteboards und in der Kommunikation.

Schauen wir uns die Elemente dieses Feintunings genauer an:

Validierung der Zahlen

Rufen wir uns noch einmal die Formel für Key Results aus Kapitel 5 in Erinnerung: Steigerung/Verringerung von Anzahl [HEBEL] von [X] zu [Y] bis [Ende des Zyklus]. Vor dem Start des neuen OKR-Zyklus sollte sowohl das »X« als auch das »Y« klar sein. Dies niederzuschreiben ist sehr hilfreich, da es dann auch eine gute Entscheidungsgrundlage dafür bietet, wie ambitioniert ein jeweiliges Key Result gesetzt wird. In der Praxis kann es vorkommen, dass ein Key Result gewählt wird, für das noch keine Startzahl vorhanden ist. In diesem Fall bitte ich die Teams, zu Beginn des Zyklus eine Nullstandsmessung vorzunehmen und zum Beispiel initial die Kundenzufriedenheit für ein Teilbereich einer Website zu messen. Das ist besser als nichts.

Was sind unsere Ambitionen?

Spätestens jetzt, kurz vor Start des neuen OKR-Zyklus, sollten sich die Teams auch einigen, wie ambitioniert sie ihre Zielerreichung ansetzen. Dies lohnt sich, niederzuschreiben und schon vorab zu überlegen: Was ist die minimale, durchschnittliche oder ambitionierte Zahl, die in unserem Key Result steht? Es ist hilfreich für Teams, sich darüber schon vorab Gedanken zu machen. Dies hebt Frauke von Polier (Viessmann) ebenfalls hervor: »Das Scoring ist für mich ein wichtiger Hebel. Wir stellen uns damit schon vor Beginn des Quartals die Frage: Wie sieht denn eigentlich Erfolg aus? Was ist eine 1.0? Was ist eine 0.7?«

Mit der Bezeichnung 0.7 und 1.0 wird Bezug genommen auf die Bewertungslogik von Google, anhand dessen viele Firmen am Ende des Zyklus ihre OKR-Sets benoten.

Dies ist eine beliebte Variante, allerdings nicht die einzige in der Praxis:

Beispiele für Bewertungslogiken

Art	Minimal	Erwartbar	Ambitioniert
Google	0.3	0.7	1.0
Prozent	30 Prozent	70 Prozent	100 Prozent
Ampel	Rot	Gelb	Grün

Die Einigkeit in der Logik ermöglicht es darüber hinaus sehr einfach, zu sehen, wie der Fortschritt festgehalten werden kann.

Key Result: Verkürzung der Time to hire von fünfundzwanzig Tagen auf fünfzehn Tage		
0.3	0.7	1.0
22 Tage	18 Tage	15 Tage

Dieser Schritt des Durchdenkens und Festhaltens ist sehr hilfreich, da es insbesondere die Vorbereitung des OKR-Check-ins erleichtert. In der Praxis trägt das Team, im jeweiligen (Software-)Tool der Wahl, den Fortschritt ein (beispielsweise: zwanzig Tage).

Ebenfalls empfehle ich den Teams, eine kurze Beschreibung zum jeweiligen OKR-Set hinzuzufügen. In meiner Anfangszeit ging es mir einige Male so, dass ich beispielsweise im ersten OKR-Check-in auf die gerade erst erstellten OKR-Sets schaute und keine Ahnung mehr hatte, was damit eigentlich gemeint war. Mit anderen Worten: Menschen können sehr vergesslich sein, wenn sie den Workshop-Raum verlassen. Ferner kann eine Beschreibung der Teammitglieder während des Zyklus daran erinnern, warum sie sich für eben genau dieses Objective entschieden haben. Paul Niven und Ben Lamorte (2016) haben das schön zusammengefasst: »Think of your description as the objective's rationale for being, like a note to the CEO justifying why this objective should exist.«

Von Key Results zu Initiativen

Interessanterweise taucht, insbesondere in der Anfangsphase der OKR-Implementierung, ein spannendes Phänomen auf: Mitunter vergessen die Teams, aus den Key Results Initiativen beziehungsweise Experimente abzuleiten oder sie leiten diese ab, verwenden allerdings keinen stringenten Priorisierungsmechanismus. Dies kann dann zu kleinteiligen Projektplänen führen, die kaum noch Raum für Experimente und Lernen lassen. Wie sagte Dwight D. Eisenhower, ehemaliger US-amerikanischer Präsident, sinngemäß: »Pläne sind nutzlos, aber die Planung ist unverzichtbar.« Im Kontext von OKR bedeutet dies, die Teams schreiben nun nicht alle möglichen Aktivitäten in einen Ablaufplan, sondern überlegen sich, mit welchen Initiativen und konkreten Aktivitäten sie gezielt das Key Result beeinflussen können.

Wie sieht das in der Praxis aus?

Ein Team schaut sich jedes Key Result einzeln an und schreibt alle Ideen für Initiativen dazu nieder. Diese können sich im Aufwand und der Komplexität unterscheiden. Zunächst werden die einzelnen möglichen Aktivitäten in einer Liste unterhalb des Key Results niedergeschrieben. Sobald die Liste sich gefüllt hat, werden die einzelnen Ideen kurz besprochen und nach Bedarf weiter ausdetailliert. Abschließend werden die Elemente der Liste priorisiert. Dabei geht es nicht darum, die gesamte Liste in eine Reihenfolge, sondern lediglich die wichtigsten fünf bis sieben Aktivitäten zu identifizieren. Gut funktioniert in diesem Fall die stille Priorisierung. Bei dieser fängt eine Person an, eine Aktivität aus der Liste in das Priorisierungsfeld zu legen. Dann folgt das nächste Teammitglied, das, ohne zu reden, entweder eine Idee hinzufügt (solange noch Platz im Feld ist) oder eine der bereits platzierten Aktivitäten austauscht. In der Regel ist so nach fünf Minuten klar, mit welchen Aktivitäten konkret gestartet wird.

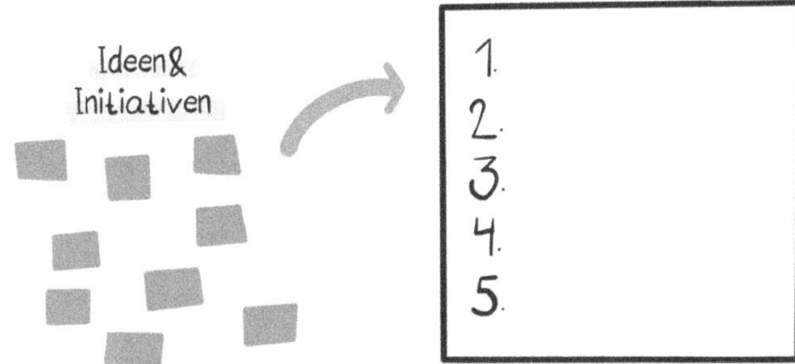

Teams, die agile Rahmenwerke wie Scrum oder Kanban für die weitere Operationalisierung nutzen, überführen diese Aktivitäten oder Feature-Ideen in ihre Planungsroutinen, wie beispielsweise das Refinement oder das Sprint Planning.

Diese Form der Just-in-Time-Priorisierung stellt sicher, dass wir offen bleiben für die unterschiedlichsten, wirksamen Lösungen. So kann es zum Beispiel sein, dass schon über ein einziges Experiment mitunter das Key Result sich deutlich bewegt. Darüber hinaus schaffen wir so Reflexionspunkte während des Zyklus, bei denen die Planung immer wieder angepasst werden kann. Dazu passt auch das Beispiel von Valentina Kvesic (Lufthansa Cargo): »Wir haben gemeinsam die Objectives und Key Results definiert und die Initiativen im Nachgang eigenständig ergänzt. Anschließend hat jede:r aus dem Team die eigenen Präferenzen eingetragen. Dabei sind wir dem Lustprinzip gefolgt, wodurch eine gute Energie entstand, auch an neuen Themen zu arbeiten. Allerdings haben wir im Anschluss die Ideen nicht nochmals sortiert und rückblickend waren teilweise doppelte Aktivitäten drin. Das machen wir jetzt im kommenden Zyklus anders.«

Neben der Priorisierung kann in solchen Fällen auch die Verwendung von Concept Cards eine gute Hilfestellung bieten, um durch strukturierte Fragen mehr Klarheit über mögliche Aktivitäten zu bekommen.

Hack: Concept Card / *Die Concept Card funktioniert als eine Art Steckbrief für eine Idee. Die einzelnen Felder fragen die wichtigsten Parameter ab und helfen so, die Idee bereits zu durchdenken. Diese Struktur wird den Teams zur Verfügung gestellt, mit dem Ziel, früh Klarheit über Ideen zu entwickeln und mögliche Überlappungen und Abhängigkeiten aufzudecken. Manche Teams visualisieren diese Ideen auf einem (digitalen) Whiteboard, sodass sie für alle Beteiligten sichtbar sind.*

Idee: | Objective:
KeyResult 1:

Wie sieht unser Liefergegenstand aus?	Für wen?	Bis wann?
Was müssen wir konkret tun?	Wen/Was brauchen wir dafür?	Wer ist verantwortlich?

Im Idealfall sind die Teams nun so vorbereitet, dass sie schnell die ersten Erfolge sehen werden. Die Planungs- und Abstimmungsschleifen, die dann zu einer gemeinsamen Ausrichtung führen, klingen vielleicht für dich nach unglaublich viel Aufwand. Ja, es ist Aufwand, allerdings hält sich dieser sehr in Grenzen, je besser die OKR-Methodik beherrscht wird. Es ist zu vergleichen mit dem Erlernen eines Handwerks. Es benötigt Übung bis die einzelnen Schritte sitzen und dann die Zahnräder ineinandergreifen. Denis Liggeri (StepStone) berichtet: »In der Summe sind das bei uns circa acht Stunden inklusive Abstimmungen.«

Ich schließe mich dieser Schätzung an und rege Führungskräfte gerne dazu an, sich zu überlegen, welche Kosten und zusätzliche Kommunikationsaufwände aufgrund von nicht abgestimmten Zielen und Aktivitäten auf sie zukommen könnten. Es wird fast immer mehr sein.

6.4 Was die hybride Arbeitswelt an Herausforderungen so mit sich bringt

Der Ausbruch der Coronapandemie im Frühjahr 2020 hat wie ein Katalysator auf neue Formen der Zusammenarbeit gewirkt. »Remote Work« und »Hybrid Work« sind nur zwei von unzähligen Schlagwörtern, die Ansätze beschreiben, wie sich Arbeitsumgebungen verändern werden. Schon vor der Pandemie zeichnete sich ab, wie schwer es ist, geeignete Fachkräfte zu finden. Damit geht auch eine weitere Veränderung des Führungsverständnisses einher. Immer weiter weg von Command and Control hin zu Vertrauen und Ergebnisorientierung. OKR kann hier, wie bereits erläutert, ein guter Wegbegleiter sein. Doch während immer mehr Unternehmen OKR für sich als Rahmenwerk entdecken, um genau diesen Weg zu gehen, bleibt eine Lücke bei vielen bestehen, wie Timo Salzsieder (METRO.digital) auf den Punkt bringt: »Ich glaube, manchen ist das Thema (hybrides Arbeiten) noch nicht bewusst. Manche gehen jetzt an das Thema OKR ran, so als wären wir noch alle im Büro.«

Wenn wir also akzeptieren, dass vermutlich ein Großteil von uns, nicht mehr dauerhaft in die Büros zurückkehren wird, ist die Frage bezogen auf OKR, wie sich dadurch insbesondere die Planungs- und Abstimmungsschleifen, aber auch die anderen Ereignisse, wie der OKR-Check-in oder die Retrospective verändern können. Da viele der befragten Unternehmen, insbesondere in den Workshops rund um die Planungs- und Abstimmungsmeetings, mit Herausforderungen konfrontiert waren, schauen wir zum Abschluss des sechsten Kapitels, welche Ideen aus Sicht der Anwender:innen in den Unternehmen funktionieren.

Doch zunächst zu den wichtigsten Begrifflichkeiten, die für ein gemeinsames Verständnis wichtig sind:

Terminologie	
Co-located	Teammitglieder arbeiten alle physisch zusammen im Büro
Remote	Teammitglieder arbeiten alle virtuell zusammen und sind nicht physisch in einem Raum
Hybrid	Ein Teil der Teammitglieder ist vor Ort im Büro, während ein anderer Teil virtuell von überall arbeitet.
Synchrone Kommunikation	Beschreibt Formen der Echtzeit-Interaktion zwischen Menschen, wie Besprechungen oder Workshops.
Asynchrone Kommunikation	Beschreibt Formen der verzögerten Interaktion zwischen Menschen, wie E-Mails, Chats, Dokumentationen.

Wenn du jetzt an deinen Kontext denkst, wage ich die Vermutung, dass je größer deine Organisation ist, desto höher ist auch die Wahrscheinlichkeit, dass hybride Formen der Zusammenarbeit bereits bestehen. Dies kann mit einigen Herausforderungen und Fragestellungen einhergehen, wie Stefan Friedrich (EDAG), bezogen auf das OKR-Alignment beschreibt: »Wir setzen darauf, den Menschen Freiraum zu geben und haben die Abstimmung in einer Art Marktplatzkonzept gemacht. Das hat in Präsenz sehr gut funktioniert. Virtuell haben wir da für uns noch keine gute Antwort gefunden.« Weiter können folgende Fragen auftreten, die insbesondere vom OKR-Champion als Prozessverantwortlichem beantwortet und gesteuert werden sollten:

- Sollen bestimmte Workshops in Präsenz stattfinden? Wenn ja, welche?
- Was mache ich mit Mitarbeitenden, die nicht kommen wollen oder können? Werden diese ausgeschlossen oder anderweitig eingebunden?

- Wie sieht ein wirkungsvolles Workshop-Set-Up aus, ob virtuell oder hybrid?
- Wie schaffen wir trotzdem ein Gefühl von Verbundenheit und Zugehörigkeit im hybriden Raum?

Im Folgenden schauen wir uns die Fragen genauer an und füllen sie mit Anregungen aus der Praxis.

Wo finden die Workshops statt?

Für mich hat sich in den letzten zwei Jahren gezeigt, dass alle OKR-Workshops sich komplett virtuell durchführen lassen. Allerdings profitieren die Teams in der Zusammenarbeit sehr davon, wenn sie ab und an in echt interagieren können. Der OKR-Zyklus bietet dafür ebenfalls wieder einen guten Rhythmus. Ob sich ein gemeinsames OKR-Planning, das Alignment oder die Retrospective dafür eignet, ist die Entscheidung des Teams. Meine Empfehlung lautet: Nutzt doch ein Event des OKR-Zyklus, um euch vor Ort zu treffen. Auf Teamebene mit einer potenziellen Teilnehmeranzahl von fünf bis zehn Personen lässt sich das in der Regel noch gut organisieren.

Anders sieht es bei größeren OKR-Alignments aus, bei denen unter Umständen fünfundzwanzig bis zweihundertfünfzig Teilnehmende vor Ort sein können. Die Terminierung kann hier schwieriger sein. Ferner besteht auch weiterhin die Gefahr, dass aufgrund von Krankheit, Reisebeschränkungen oder schlicht, weil die Belegschaft es einfordert, Mitarbeitende nicht zur Präsenzveranstaltung kommen können oder wollen. Da wir insbesondere in dieser Phase im OKR-Zyklus auf Transparenz und synchrone Kommunikation achten, besteht ein hohes Risiko, dass wertvolle Informationen und Feedback verloren gehen, sollte beispielsweise ein OKR-Alignment ausschließlich co-located stattfinden. Meine Empfehlung lautet deshalb auch in Zukunft, alle diese Großgruppenveranstaltungen hybrid stattfinden zu lassen. Im Idealfall schaffen wir einen hybriden Raum, dem remote- und vor Ort Teilnehmende gemeinsam beitreten. Das ist beispielsweise ein entsprechend ausgestatteter Veranstaltungsraum mit großen Monitoren und guten Audioverbindungen.

Wie sieht ein virtuelles Workshop-Set-up aus?

Zur Durchführung eines virtuellen Workshops haben sich die meisten der interviewten Unternehmen auf eine Handvoll Tools und deren Zusammenspiel beschränkt:

Art/Zweck	Beispiele
Videokonferenz für Diskussionen im Plenum und Kleingruppenarbeit in sogenannten Breakout-Räumen	Zoom, Microsoft TEAMS, WebEx
Digitales Whiteboard zur gemeinsamen Erstellung der OKR-Sets und Visualisierung der Abhängigkeiten	Miro, Mural, Conceptboard, Jamboard
Interaktion/strukturierte Beantwortungen von Fragen/Quiz/ Abstimmungen	Sli.do, mentimeter
Virtueller Marktplatz für virtuelle Rundgänge beispielsweise im Alignment	Gather.Town, Butter, MS Teams
Dokumentation der Ergebnisse	Excel, Google Sheet, digitale Whiteboards, OKR-Software Intranet

Selbstverständlich sollten die verwendeten Tools von allen Beteiligten, allen voran den OKR-Coaches, verwendet werden können. Die Erfahrung zeigt, dass sich auch bereits vor dem Workshop, beispielsweise durch das Bereitstellen eines digitalen Whiteboards, viele Vorteile bieten können. Die Teilnehmenden können sich mit dem Tool bereits vertraut machen und erste OKR-Entwürfe dort eintragen. Stefanie Junghans (SAP) berichtet: »Ich bin ein Fan von gut vorbereiteten Mural-Templates, auch wenn das nicht jeder gut findet.« Und in der Tat sollten wir nicht vergessen, dass erstens nicht jede Person eine Affinität für diese Art der Zusammenarbeit mitbringt. Zweitens kann sich durch eine exzessive Nutzung von Tools jeglicher Art, der Fokus auf die Toolnutzung verlagern. Diese Erfahrung teilt Julia Ries (Media Impact): »Ein Risiko bei der Nutzung von virtuellen Whiteboards wie Mural oder Miro kann sein, dass die Menschen vergessen, sich in die Augen zu sehen. Manchmal mache ich zu Beginn von virtuellen Meetings bewusst eine Einstiegsübung, die nicht schon das Whiteboard auf den Bildschirm bringt. «

In eine ähnliche Richtung geht auch die Intervention von Judith Altemark (BabyOne), die davon berichtet, dass sie gerne beim OKR-Alignment die Teilnehmenden bittet »Hände weg von der Tastatur« und damit die Hände einmal in die Kamera zu halten. Das irritiere die meisten erst mal, allerdings wären sie damit sensibilisiert, dass sie präsent sein sollten.«

Virtueller Workshop – Knigge

- Ablenkungen ausschalten, beispielsweise Mail- und Messengerprogramme schließen;
- Kamera an, Mikrofon aus;
- aktive Teilnahme in den verwendeten Tools, beispielsweise im Chat, in den Kleingruppen und falls verwendet auf dem digitalen Whiteboard.

Weiter berichtet Judith Altemark (BabyOne) wie wichtig ihr im virtuellen Kontext die Workshop-Hygiene ist: »Es hat sich für mich bewährt, diese immer wieder in Erinnerung zu rufen. Die Teilnehmenden werden angehalten, ihre OKRs vorher einzureichen und die der anderen auch zu lesen. Während des Alignments arbeite ich gerne mit Karten, die die Teilnehmenden in die Kamera halten. Die grüne Karte heißt ›passt für mich‹; die rote signalisiert ›ich sehe ein Problem‹; eine weitere Karte signalisiert ›ich habe eine Frage‹. Dadurch stellen wir sicher, dass wir uns nur auf die Themen stürzen, wo wir wirklich Abstimmungsbedarf sehen.«

Ein großer Vorteil der virtuellen Workshops ist, dass die Dokumentation der Ergebnisse in Echtzeit erfolgt. Dies erleichtert die Nacharbeit und ermöglicht ein unmittelbares Weiterverwenden der Resultate. Dies findet dann mitunter in asynchronen Kommunikationsformen statt.

Insgesamt empfehle ich OKR-Communities Handlungsempfehlungen, insbesondere für hybride Arbeitsumgebungen, mitzugeben. Ein paar Beispiele:

- Selbst wenn Teilnehmende in einem Raum sitzen, verwenden sie ihren eigenen Laptop. Die Audioverbindungen wird über einen Konferenzlautsprecher hergestellt. Alle anderen

Teilnehmer sind stummgeschalten. Jede Person ist allerdings über die Webcam deutlich zu sehen und so besser in der Lage, auch nonverbal zu interagieren.
- Gleiches Recht für alle. Dies gilt insbesondere für die Workshopgestaltung. Das Flipchart hat im hybriden Kontext ausgedient. Lasst uns Tools verwenden, die alle gut lesen können.
- Zuweilen kann es auch hilfreich sein, mit Avataren vor Ort zu arbeiten, um die Präsenzteilnehmenden daran zu erinnern, mit den virtuellen Teilnehmenden zu interagieren.

Weitere Beispiele beschreibt Dr. Tobias Schröder (METRO.digital) am Ende dieses Kapitels in einem Gastbeitrag. Dabei teilt er seine Erfahrung, wie es dem Team gelang, mit einer Fokussierung auf asynchrone Kommunikationsformen, die Anzahl der Meetings zu reduzieren ohne, dass die Qualität leidet.

Im Bereich »Hybrides Zusammenarbeit« wird sich in den kommenden Jahren mit Sicherheit einiges tun, so zum Beispiel beeinflusst durch die Entwicklungen bezüglich Virtual Reality. Timo Salzsieder (METRO.digital) ist gar der Meinung: »Das nächste große Ding für OKRs muss aus meiner Sicht sein, einen virtuellen Raum zu schaffen, in dem Alignments und Check-ins stattfinden und eben nicht nur als Meeting, wie es heute schon geht, sondern dass es sich wirklich so anfühlt, dass wir zusammen sind, dass eine Dynamik und Energie entstehen können.«

Letztlich kann über OKR auch das Zusammengehörigkeitsgefühl gestärkt werden. Das ist aus meiner Sicht eine große Stärke von OKR, ein We-are-in-it-together-Gefühl zu schaffen. Bekommt dies im hybriden Raum nicht die notwendige Aufmerksamkeit, besteht die Gefahr, dass genau diese Superkraft verloren geht. Zusammen sein, wird durch Tools ermöglicht. Das dazugehörige Gefühl entsteht durch die Konversation: Teilen, reflektieren, zuhören, nachfragen, eben all die wunderbaren Kommunikationsinstrumente, die wir alle bereits im Gepäck haben.

In diesem sechsten Kapitel sind wir tiefer eingestiegen in die Planungs- und Abstimmungsschleifen und wie diese möglichst effektiv gestaltet werden. Das ist das Spielfeld der Prozessverantwortlichen und der OKR-Community. Die gute Vorbereitung des Zyklus ist, meines Erachtens, sogar mehr als die halbe Miete, sie erleichtert die Umsetzung und Operationalisierung der gesetzten Ziele. Weiter gilt bei allen vorgestellten Ereignissen das agile Grundprinzip »Inspect and Adapt«. Auch nach dem x-ten OKR-Zyklus sollten alle Beteiligten offen für Anpassungen bleiben, um den verändernden Bedingungen und Bedürfnissen gerecht zu werden.

Im siebten Kapitel starten wir ganz offiziell in den OKR-Zyklus und schauen uns an, was während des Zyklus alles passiert. Falls du dir jetzt denkst: Na endlich geht es los. Weit gefehlt, der Großteil ist schon geschafft. Während des OKR-Zyklus wird eigentlich nur noch umgesetzt. Das bedeutet für dich: Fahre deine Antenne aus und sei wachsam. Wenn du deine OKR-Sets während des Zyklus weiter diskutierst, dann läuft vermutlich etwas falsch. Wenn du es jedoch schaffst, dass sie ständig präsent sind, ohne dass darüber gesprochen wird, dann wird es richtig gut.

Praxisbeispiel »Asynchrones Arbeiten«: Ein Gastbeitrag von Dr. Tobias Schröder (METRO. digital)

Es war Anfang 2020 als die Pandemie ausbrach. Remote Meetings waren für uns als Team nicht neu, die Anzahl allerdings schon. Auf einmal fand gefühlt alles virtuell statt, von täglichen Teammeetings bis zu allen OKR-Workshops. Mein Terminkalender füllte sich schneller als jemals zu vor. Kolleg:innen hatten die Sorge, dass Informationen nicht beim Adressaten ankommen und luden zu mehr Meetings ein als vor der Pandemie. Was vorher mal eben im Vorbeigehen auf dem Flur erledigt wurde, wurde nun zu einem dreißigminütigen Meeting mit mindestens der doppelten Personenanzahl. Ich hatte den Eindruck, dass das Meeting nun eine einfache E-Mail ersetzt, aber auch, dass Menschen das Bedürfnis hatten, zu zeigen, dass auch Zuhause gearbeitet wird.

Dieses Verhalten glich aber meines Erachtens eher der alten Command-and-control-Struktur.

Diesen neuen Status quo wollte ich nicht akzeptieren. Daher habe mich daran gemacht, zu recherchieren und experimentieren, wie wir davon wegkommen – weg von »einfach noch mal ein neues Meeting« einzustellen. Ich habe mich umgesehen, wie andere insbesondere Remote-first-Unternehmen wie gitlab dies umsetzen. Basierend darauf teilte ich mein Wissen in kleinen Wissenspillen im Unternehmen und sagte auch mal Meetings ab, wenn sie beispielsweise keine Agenda hatten. Über die Jahre hat sich die asynchrone Arbeitsweise bei uns etabliert und auch unsere Meetings sind besser geworden. Beispielsweise starten Termine nicht mehr zur vollen Uhrzeit, sondern immer fünf Minuten später, damit Teilnehmer sich zwischen zwei Meetings eine kurze Verschnaufpause gönnen können. Wer möchte zum Beispiel schon aus einem konfliktbehafteten Meeting kommen und direkt in ein OKR-Planning gehen? Viele Meetings finden auch gar nicht mehr statt, da die Arbeit asynchron in geteilten Dokumenten oder Whiteboards stattfinden kann. Das eigentliche Meeting findet nur noch statt, um offene Fragen zu diskutieren – daher bei Aktionen, die synchron schneller gehen als asynchron.

Und dann kam der Tag, an dem ich mich fragte, ob wir nicht bereit für ein weiteres Experiment sind? Was wäre, wenn wir alles asynchron machen? Also plante ich alle Meetings im Voraus, informierte mein Team und versendete Umfragen davor und danach, um das Experiment zu validieren. Wir haben alle neun regulären Teammeetings in der Woche ersetzt und kommunizierten nur über Tickets, Dokumente, Whiteboard und Teams. Fazit nach dreieinhalb Stunden eingesparter Meeting-Zeit ist, dass viele Status-Updates auch asynchron stattfinden können – dazu gehört auch unser Daily. Soziale oder diskussionsintensive Meetings sollten in unserer Firma lieber synchron stattfinden, wie beispielsweise eine Retrospektive oder das OKR-Planning. Mehrere Teams haben verschiedenste Strukturen angepasst und sparen nun im Schnitt dreißig Prozent der Meetings ein, ohne jeglichen Informations- und/oder Kontrollverlust. Daher sind meine Top 3 Tipps für bessere Meetings und auch asynchrones Arbeiten:

- Muss das Meeting wirklich sein oder reicht hier eine E-Mail beziehungsweise Textnachricht? Falls ja, nur die richtigen Teilnehmenden einladen.
- Bereitet das Meeting vor und auch nach, hängt Vorabinformationen an und seid mutig genug, Meetings abzusagen, wenn klar wird, dass niemand diese Informationen gelesen hat. Dokumentiert das Meeting und archiviert Entscheidungen an einer transparenten Stelle beispielsweise in Confluence oder OneNote.
- Habt eure Kamera bei Meetings an und ein gutes Headset. Niemand mag eure Waschmaschine im Hintergrund hören.

Alle Dos and Don'ts beherzigen wir auch beim Planen und Erstellen von OKRs. Am Anfang teilen wir die noch offenen und validierten Probleme unserer Nutzer. Das erste Brainstorming für mögliche Lösungen und das Kommentieren dessen findet auf einem Whiteboard statt. Das erste Meeting ist erst dann notwendig, wenn Unklarheiten besser in einem Gespräch geklärt werden können und das gesamte Team über die Ideen debattieren sollte. Die Entscheidung, welche Themen im kommenden Zyklus abgedeckt werden, sowie das Formulieren der eigentlich Objectives und Key Results kann wiederum asynchron durchgeführt werden. Die finale Besprechung hingegen, ist wieder synchron. Von außen kann es sich wie ein »Gehopse« zwischen verschiedenen Formen der Kollaboration anfühlen, für mein Team jedoch ist dies äußert effektiv. Nicht nur, dass wir, durch verschiedene Rhythmen, von 6:00 bis 21:00 Uhr immer jemanden »im Büro« haben, sondern auch durch verschiedene Leistungshochs zu unterschiedlichen Zeiten. All die verschiedenen äußeren Gegebenheiten (oder auch Kinder, die ab mittags zuhause sind) haben uns bekräftigt, wieder mehr zu schreiben als zu reden. Schließlich ist dann auch direkt alles dokumentiert.

Hack: Brauchen wir das Meeting wirklich? */ Basierend auf seinen Erfahrungen hat Tobias eine Entscheidungs- und Reflexionshilfe entwickelt, die Menschen nutzen können, um zu entscheiden, ob das Meeting wirklich notwendig ist. Es ist unterhaltsam und provokativ zugleich. Hier geht's zum Tool: https://tbsschroeder.github.io/meeting-scheduler/#.*

7 Einfach machen: Jetzt wird geliefert im OKR-Zyklus

»Life always gives you plenty to do. The secret is not forgetting the things that matter.«

Christina Wodtke, Autorin

Die Vorbereitungen sind abgeschlossen. Wir haben uns geeinigt, was uns als Team wichtig ist, aber auch auf was sich die Gesamtorganisation fokussieren wird. Jetzt geht es an die Umsetzung. An dieser Stelle zeigt sich deutlich, wie OKR, ganzheitlich gedacht, als Rahmenwerk gesehen wird und eben nicht nur als das reine Setzen von Zielen. Christina Wodtke (2016) beschreibt dies sehr treffend: »OKRs are great for setting goals, but without a system to achieve them, they are as likely to fail as any other process that is in fashion.«

Die im Rahmenwerk mitgelieferten Empfehlungen helfen, das Betriebssystem für sich aufzusetzen, um eben zu verhindern, dass passiert, was viele Mitarbeitende schon zu genüge erlebt haben: Es werden ehrgeizige Ziele definiert, bei denen schon beim Aufschreiben klar ist, dass diese weder angeschaut noch umgesetzt werden. Thorsten Ziegler (DB Systel) erlebte das im Team: »Bei uns im Cluster-Team haben wir uns für die erste Etappe von drei Monaten ein Etappenziel gesetzt. Das klang gut, das waren schöne Sätze und nach drei Monaten konnte sich keiner mehr daran erinnern. Seitdem wir die OKR-Methode nutzen, funktioniert das deutlich besser, weil wir regelmäßig auf die Ziele schauen und uns danach ausrichten.«

Das Kapitel hat nicht ohne Grund den Zusatz »jetzt wird geliefert«, denn es geht jetzt darum, wie wir Umsetzungspraktiken und unsere OKR-Muskeln weiter trainieren. Dazu beleuchten wir die folgenden Aspekte:

- Wie wird der OKR-Zyklus gestartet?
- Welche Routinen helfen, die Ziele nicht aus den Augen zu verlieren?
- Welche Hindernisse können auftreten?
- Wie können diese überwunden werden?
- Welche Rolle spielt dabei ein OKR-Coach?

7.1 Start des Zyklus

Zum Start des Zyklus haben die Teams, über die verschiedenen Planungs- und Abstimmungsschleifen, im besten Fall ein hohes Maß an Klarheit erreicht. Die Ziele sind kalibriert. Sie kennen ihren Fokus und wissen, wie sie starten. Es fehlt also nur noch der offizielle Startschuss. Und dieser ist in der Regel sehr unspektakulär.

In der Praxis ist der Start meist an ein bestimmtes Datum geknüpft. In der Quartalslogik gedacht, könnte beispielsweise der 1. Januar, der 1. April, der 1. Juli und der 1. Oktober, der jeweilige Starttag des neuen OKR-Zyklus sein. Dieser Tag wird im Vorhinein kommuniziert und dann geht es los. Zuweilen sind die Teams überrascht, dass es schon losgeht, sodass ich empfehle, weiterhin regelmäßig an die Gesamtorganisation zu kommunizieren. Diese Nudges (englisch für Schubs) sind als Denk- und Umsetzungsanstoß zu verstehen. Einige Beispiele, wie das aussehen kann:

- Information zum Start des Zyklus via E-Mail oder Kollaborationsplattformen durch den/die Sponsor:in oder die Führungskräfte.
- Dank und Motivation an Mitarbeitende auf einer Betriebsversammlung vermitteln.
- Bereitstellung der abgestimmten OKR-Sets mit der Organisation, beispielsweise im Intranet oder Aktivierung der OKR-Sets in der OKR-Software (falls vorhanden).
- Nachfassen, welche Teams nicht fertig sind und nach Bedarf explizit Unterstützung durch die OKR-Community anbieten.

Der Kreativität sind keine Grenzen gesetzt. Auch hier gilt: ausprobieren und schauen, was im jeweiligen Kontext funktioniert. Judith Altemark (BabyOne) berichtet, wie der Start bei ihr in der Organisation aussieht: »In der Regel eine Woche nach Quartalswechsel sind unsere OKRs-Sets dann fertig und werden dann in die Organisation kommuniziert. Da haben wir schon viele Formate ausprobiert. Ganz einfach mit einer E-Mail oder wir haben auch schon kleine Videos mit dem OKR-Beauftragen der Abteilungen aufgenommen, in denen die OKR-Sets dann vorgestellt wurden.«

Bei SAP S/4 HANA ist das sogenannte Sign-off der Startschuss, wie Stephanie Junghans beschreibt: »Die Erstellung der OKR-Sets läuft in Iterationen ab: Schreiben – Teilen – Feedback – Anpassungen. Zum Zyklusstart erfolgt dann unser Sign-off. Dazu nutze ich die Zeit im wöchentlichen Meeting des Leadership-Teams. Diese Menschen haben extrem viel zu tun und wir nehmen uns zwischen dreißig bis fünfundvierzig Minuten Zeit und gehen die OKR-Sets durch. Jede Person hat dann Gelegenheit, nochmal in Ruhe was dazu zu sagen. Nach dem Meeting geht dann eine Mail an alle unsere Mitarbeitenden und die OKRs sind live im System.«

Der Startschuss in den Teams ist oft ein Stiller. Meistens haben die Teams bereits eine erste Operationalisierung in konkrete Aktivitäten vorgenommen, indem sie beispielsweise die OKR-Routinen mit bereits existierenden aus anderen agilen Rahmenwerken verknüpfen (siehe Kapitel 7.4). Die jeweiligen OKR-Coaches können hier wieder wertstiften, indem sie die Teams an deren Verantwortung erinnern, dem »Set-and-forget-Syndrom«, wie Christina Wodtke (2014 a) es umschreibt, entschieden entgegenzutreten. Dazu ist es hilfreich, sich auf eine entsprechende Routine des Check-ins zu einigen und diese Termine beispielsweise in den Kalendern aller Beteiligten zu platzieren.

7.2 Der Check-in

Mit dem OKR-Check-in ist regelmäßiges Prüfen der OKR-Sets gemeint. Der primäre Zweck ist es, Hindernisse transparent zu machen und gemeinsam auf die notwendigen nächsten Schritte zu schauen. Es geht explizit nicht um einen Status Report, sondern viel mehr um den qualifizierten Austausch. Ich vergleiche den OKR-Check-in gerne mit einer Routineuntersuchung beim Zahnarzt. Wir schauen präventiv auf die Zähne und können frühzeitig intervenieren, wenn wir sehen, dass eine Behandlungsmethode nicht funktioniert. Im besten Fall ist die Untersuchung sogar nach wenigen Minuten zu Ende. Einzig bei der Regelmäßigkeit hinkt der Vergleich, denn natürlich sollte der OKR-Check-in nicht einmal oder zweimal im Jahr, sondern im Idealfall wöchentlich stattfinden. Je nach Kontext kann dieser aber auch zweiwöchentlich oder monatlich sinnvoll sein. Der Check-in wird in jedem Team und jeder Einheit durchgeführt. Je nach Architektur bedeutet dies beispielsweise, dass es einen Check-in in den jeweiligen Teams, wie Geschäftsführungs- oder Produktteams gibt, aber auch übergreifend, beispielsweise für einen bestimmten Geschäftszweig.

Der OKR-Check-in findet oft als synchrones Ereignis in Form einer kurzen Besprechung zwischen fünf und dreißig Minuten statt. Je nach Reifegrad der Organisation oder des jeweiligen Teams eignen sich auch asynchrone Kommunikationsformate. Im Mittelpunkt jedweder Form sollten, meiner Erfahrung nach, die Small wins stehen. Diese Begrifflichkeit habe ich im Artikel »The Power of Small Wins« von Teresa M. Amabile und Steven J. Kramer (2011) kennengelernt. Darin beschreiben sie das »Progress Principle« und wie dieses, insbesondere bei Wissensarbeiter:innen, funktioniert: »Of all the things that can boost emotions, motivation, and perceptions during a workday, the single most important is making progress in meaningful work.«

Christina Wodtke (2014 b) stellt in einem Blog-Artikel »Monday commitments and Friday wins« vier Quadranten vor, die als Rahmen für einen wöchentlichen OKR-Check-in dienen können. Im ersten Quadranten sind die drei wichtigsten Lieferobjekte für die kommende Woche beschrieben. Der Zweite fokussiert auf den kommenden Monat und Themen in der Pipeline. Der Status der OKRs wird im dritten Quadranten unter Zuhilfenahme des Confidence-Levels besprochen. Den Abschluss bilden die Health Metrics und damit der Blick auf die wichtigsten Daten in unserem Cockpit.

Der Ansatz von Christina Wodtke wird in einigen der befragten Unternehmen gelebt, wie wir im weiteren Verlauf noch sehen werden. Ich passe das Vier-Quadranten-Konzept an den Reifegrad und an die Bedürfnisse des Teams an. Sollte beispielsweise ein Team noch weit weg von zur Verfügung stehenden Dashboards (Health metrics) stehen, könnte diese Kategorie zur Überforderung führen. Das bedeutet nicht, dass es ausgeschlossen wird, doch das Team muss noch fit gemacht werden. Es geht hier also nicht um die Entscheidung ob, sondern eher darum, wann ein richtiger Zeitpunkt dafür ist.

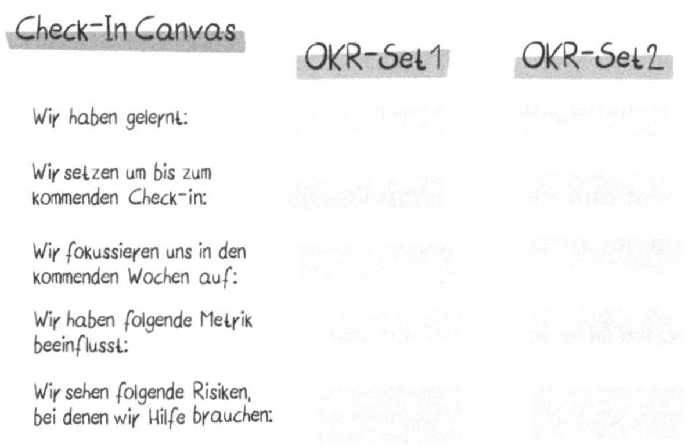

Unabhängig davon, ob und wenn ja welche Vorlage verwendet wird, gilt auch hier: Im Mittelpunkt stehen die Gespräche, denn idealerweise wird nur über die kritischen und teilenswerten Punkte gesprochen. Der OKR-Check-in ist kein Status-Report, dieser kann auch asynchron stattfinden, sondern vielmehr eine gemeinsame, kurze Reflexion und Bewusstmachung zu den Hindernissen auf dem Weg.

Wie läuft ein guter Check-in ab?

Damit ein OKR-Check-in nicht zu einem Statusmeeting verkommt und die Teams lediglich ihre To-do-Liste runterbeten, benötigt es eine Vorbereitung und eine Agenda. Darüber hinaus kann es in der Anfangszeit hilfreich sein, eine Moderation hinzuziehen.

Die Vorbereitung mithilfe des vorgestellten Check-in-Canvas dient dabei insbesondere als Reflexionsanstoß für die Teams und ermöglicht Transparenz, beispielsweise über das eigene Team hinaus. Beim eigentlichen Meeting umfasst meine Agenda lediglich drei Punkte:

Agenda	Beschreibung
1. Zuversicht	Impulsfrage für jedes OKR-Set: Wie zuversichtlich seid ihr, dass ihr eure Ambitionen bis zum Ende des Zyklus erreichen werdet? Dabei wählen die Teilnehmenden die entsprechende Farbe: grün = alles okay gelb = unsicher rot = großes Risiko
2. Hindernisse	Impulsfrage: Was hindert dich/euch oder was hält dich/euch davon ab?
3. Unterstützung	Impulsfrage: Welche Unterstützung benötigst du?

Die Verantwortung, welche Themen im Check-in besprochen werden, liegt bei den Teams, beziehungsweise Teammitglieder oder wie Christina Wodtke (2021: 210) schreibt: »Feel free to say, everything is on track, no need to discuss. Time spent talking in meetings is not a success metric.« Gelegentlich fallen Teams in Statusroutinen zurück. Da kann es hilfreich sein, wenn eine außenstehende Person, wie beispielsweise der OKR-Coach, Feedback gibt. Thorsten Ziegler (DB Systel) berichtet dazu: »Das ist ein guter Zeitpunkt, um immer wieder zu spiegeln, worum es geht, und zwar nicht darum, was eine Person gemacht hat, sondern was wir erreicht haben.«

Daniel Schönheim (Eurowings) machte die Erfahrung, dass beim OKR-Check-in das Timeboxing sehr wichtig ist. Bei dieser Technik werden die Teilnehmenden durch ein fixes Zeitfenster angeregt, sich auf die wesentlichen Themen zu konzentrieren. Weiter erzählt er: »Wir coachen unsere Kolleg:innen, dies zu erreichen und adaptieren beispielsweise die Impulsfragen. Dazu haben wir ein festes Set an Fragen entwickelt. Statt nur über den aktuellen Stand zu sprechen, beantworten die Kolleg:innen konkret die Fragen, was sich aus Kundensicht bis heute schon verändert hat. Statt über Hindernisse zu sprechen, frage ich: ›Wer hat das größte Hilfebedürfnis?‹«

Weitere Beispiele aus der Praxis

Lin Liu und Stefanie Junghans (SAP) berichten von Fünfzehn-Minuten-Leadership-Check-ins: »Für den OKR-Check-in nehmen wir uns mit den Executives genau fünfzehn Minuten Zeit und wir behandeln drei Kategorien: Learnings – Risiken – Blocker. Wollen die Teilnehmenden zu Wort kommen, dann müssen sie vorher etwas ins Tool eintragen. Das braucht etwas Disziplin, funktioniert aber mittlerweile sehr gut. Zusätzlich schauen wir bei den Zielen, ob es eine Diskrepanz zwischen Fortschritt und der Zuversicht (Confidence-Level) gibt. Da richten wir den Fokus immer auf: ›Was ist das Problem, das es hier zu lösen gilt?‹«

Spannend fand ich auch den Ansatz von Haufe Talent, die den Check-in sehr schlank über (wöchentliche) Nachrichten via Microsoft Teams lösen. Zusätzlich wurde ein monatliches Data Gathering etabliert, in welchem die Teams stehen. Hierbei, berichten Martin Entress und Paul Rodoreda, ist die zentrale Frage: »Wie sicher seid ihr, dass ihr einen Mehrwert schafft? Die Teams teilen ihre Erkenntnisse und über die verschiedenen Teams entsteht dann auch ein Bild, wie zuversichtlich die Organisation als Ganzes ist, in Hinblick auf die Zielerreichung.«

Wie bereits erwähnt, wird Christina Wodtkes »Vier Quadranten« von einigen Befragten als hilfreich empfunden. So berichtet Judith Braun (Deutsche Telekom) beispielsweise, wie sie den Sinn und Zweck des Check-ins immer wieder in den Vordergrund rücken: »Jedes Cluster darf das so machen, wie sie es möchten und wir wollen das auch nicht so dezidiert vorgeben. OKR ist nicht dafür da, deine Zahlen in irgendein Tool einzufüllen. OKR ist dafür da, dass du gute Gespräche führst und diese vier Fragen sind dazu da, dass du daran erinnert wirst.«

Für Denis Liggeri (StepStone) dient Wodtkes Matrix insbesondere auch als konsistentes Kommunikationsinstrument: »Bei mir ist die 2×2-Matrix die letzte Folie im Sprint Review. Damit stelle ich immer wieder einen Bezug her zu unseren Zielen. Das mache ich im Planning auch wieder und so kommt das immer wieder.«

Der OKR-Check-in ist die essenzielle Übungseinheit, um unseren Fokusmuskel zu trainieren. Jede Woche fokussieren wir uns neu auf das, was wir für wichtig erachten. Dabei nehmen wir die Hilfe an, die wir benötigen, um etwaige Kurskorrekturen vorzunehmen oder auf neue Entwicklungen zu reagieren. Dabei ist insbesondere die OKR-Community gefragt, klarzumachen, dass wir keine Wassermelonen benötigen. Was ist damit gemeint? Wir haben genug von Themen, bei denen nach außen alles grün aussieht und wenn man es aufschneidet, innen alles rot ist. Im übertragenen Sinne bedeutet dies: Lasst uns beginnen, Risiken und Hindernisse wirklich zu benennen und gemeinsam angehen.

7.3 Welche Hindernisse können während des Zyklus auftreten?

Das Risiko, dass die OKR-Sets über den OKR-Zyklus hinweg in Vergessenheit geraten, versuchen wir, über den OKR-Check-in abzufangen. Darüber hinaus können weitere Hürden auftauchen, die bestenfalls im OKR-Check-in angesprochen werden. Dazu gehört zum Beispiel die Benennung von Hindernissen, die das Team abhalten könnten, ihr Ziel zu erreichen und wie damit umgegangen wird. Die beschriebenen Themen können sehr klassischer Natur sein, wie beispielsweise fehlende Fähigkeiten und Ressourcen im Team oder auch, dass die Umsetzungsgeschwindigkeit langsamer ist als erwartet. Bei diesen gilt es dann, die Teams zu begleiten und zu befähigen, herauszufinden, wie sie selbst Einfluss nehmen können, um diese Hindernisse aus dem Weg zu räumen. Nicht immer gelingt das, da manche Hürden grundsätzlicher Art sind und damit viel mehr als Hindernisse auf Organisationsebene zu sehen sind. Das Zusammenführen eben dieser Hindernisse, beispielsweise in der OKR-Community, kann helfen, übergeordnete Themen, wie ein genereller Mangel an Fähigkeiten hinsichtlich der Cloud Technologie, transparent zu machen und diese zu lösen. Nicht nur bezogen auf OKR, sondern generell verwendete die METRO.digital dafür das Impediment Board. Dieses ist für alle Mitarbeitenden zugänglich und jeder

Das Impediement Board

Was hindert dich?	Wer löst das Hindernis?	In Bearbeitung	Gelöst
Kein Zugriff auf Dashboards Eingereicht von: Maria Zu lösen von: ?		Raumbuchung für Workshops nicht möglich Eingereicht von: Tom Zu lösen von: Tim	Hardware-bestellung dauert mehr als acht Wochen

kann dort ein Hindernis eintragen. Aus einer Gruppe an Freiwilligen nimmt sich je eine Person einem Thema an, um deren übergeordnete Lösung voranzutreiben.

Dieser Ansatz lässt sich wunderbar im Kontext von OKR verwenden. OKR ist wie ein Röntgengerät zu verstehen und hilft mitunter, unsichtbare oder nicht benannte Themen sichtbar zu machen, zum Beispiel die großen Gegenspieler in der Kulturveränderung: Gewohnte Verhaltensmuster und unerwartete Situationen.

Ich brauche das as soon as possible (asap)

Ob Kundenaufträge oder neue Projekte, ich mutmaße jedes Team ist, während eines OKR-Zyklus schon einmal in die Situation geraten, dass ein anderes Team oder die Führungskraft mit einem Thema um die Ecke kam, das »wirklich ganz dringend« ist. Wenn diese Person dann noch als HIPPO (Highest Paid Person's Opinion) in Erscheinung tritt, trauen sich viele Teams nicht, ihre OKR-Sets auf den Verhandlungstisch zu packen und zahlenbasiert dagegen zu argumentieren. Dankenswerterweise reicht es, sich auf die Grundprinzipien von OKR zu besinnen (Fokus, gemeinsame Ausrichtung, Kundenzentrierung) und schon haben Teams Fragen an der Hand, die ihnen helfen, die OKR-Sets zu beschützen:

- Wie zahlt dieses Thema auf unsere abgestimmten OKR-Sets ein?
- Welchen Nutzen versprechen wir uns davon?
- Wenn wir dieses Thema angehen, welche Auswirkungen hat dies für unsere OKR-Sets?

Menschen in Organisation sollten ermutigt werden, kritisch zu hinterfragen, warum ein Kurswechsel genau jetzt notwendig ist. In den allermeisten Fällen ist das Thema nicht so dringend und so wichtig, dass Führungskräfte bereit sind, Einbußen in den vorhandenen OKR-Sets hinzunehmen. Allerdings, da gilt es, aufmerksam zu sein, gibt es auch Situationen, in denen ein Umplanen sinnvoll ist.

Werden Ziele angepasst während des Zyklus?

Während des OKR-Zyklus geht es nicht darum, an einer Planung auf Biegen und Brechen festzuhalten. Globale Auswirkungen von Pandemie bis Krieg oder auch veränderte Marktbedingungen und Kundenbedürfnisse können durchaus dazu führen, dass Teams über eine Anpassung ihrer OKR-Sets nachdenken. Allerdings ist eben genau OKR, im Sinne eines Kommunikations- und Verhandlungsinstruments, dafür geeignet diese Entscheidungen bewusst zu treffen. Denn auch wenn theoretisch Ziele während des OKR-Zyklus nicht angepasst werden, kann das in der Praxis trotzdem der Fall sein. Davon berichtet beispielsweise Alexander Trampisch (SwissCommerce Group): »Die Pandemie hat uns 2020 im positiven Sinne auf eine Probe gestellt. Als Unternehmen im Bereich E-Commerce mussten wir unterjährig unseren Fokus anpassen, um weiter liefern zu können. Das hat auch dazu geführt, dass wir OKR kurzzeitig ausgesetzt haben.«

Auch unabhängig von globalen Auswirkungen kann es sein, dass ein Team das Bedürfnis verspürt, ein Ziel anzupassen. Ich empfehle Teams, sich selbstkritisch mit den eben vorgestellten Fragen auseinander zu setzen. Sollte die bewusste Entscheidung dazu führen, dass beispielsweise ein Key Result angepasst wird, dann sollte diese Entscheidung transparent gemacht werden. Tjorven Niels Graßnick (TESVOLT) teilt diese Erfahrung: »In den ersten Zyklen haben wir uns noch etwas verzettelt. Nun sind wir dazu übergegangen, dass OKRs nicht in Stein gemeißelt sind. Das Vision-and-Strategy-Board muss hier nichts freigeben, wenn sich in den Teams etwas ändert. Jedoch sollte es informiert sein über möglicherweise entstehende Abhängigkeiten, und notwendige unterstützende Maßnahmen. Manchmal kommen Anpassungen auch aus eben diesem Kreis von Menschen. Es sollten Auswirkungen von Planungsänderungen jedoch stets transparent geteilt werden, da Teams nicht immer alles überblicken können.«

Freude an Experimenten

Experimente sind ein guter Weg, mit Hindernissen und Unsicherheit umzugehen. Je transparenter mit Problemstellungen und Hindernissen umgegangen wird, desto früher lässt sich über Experimente herausfinden, wie wir die Key Results erreichen können. Die Grundannahme bei einem Experiment ist denkbar einfach: Wir erkennen an, dass wir etwas nicht wissen. Experimente sind kleine Schritte zu mehr Gewissheit. Unsere Neugier ist der gemeinsame Antrieb.

Bart den Haak (2021) empfiehlt beispielsweise, wenn ein Team bei einem Key Result nicht weiterkommt, alle denkbaren Hindernisse aufzulisten. Meist macht es Sinn, die einzelnen Punkte auf der Liste noch einmal auf die tieferliegende Ursache zu überprüfen. Über die Fragen »Warum ist dies ein Hindernis?« oder »Was ist hier genau das Problem?« entsteht so ein tieferes Verständnis, welches Problem es dann zu lösen gilt.

Dann geht es an das Experimentieren. In der Praxis bitte ich die Teams How-might-we-Fragen (siehe Hack Seite 115, Kapitel 5) auf Basis der herausgearbeiteten Problemstellungen zu formulieren.

Dann werden die ersten Experimentideen entwickelt und in ein »Experiment Canvas« übertragen. Dieses bietet gerade genug Struktur und ist in wenigen Minuten erstellt. Ich nehme das Experiment Canvas gerne als Kurzzeitversuch. Das Team nimmt sich dafür maximal bis zum kommenden Check-in Zeit und versucht, dadurch neue Erkenntnisse zu erlangen.

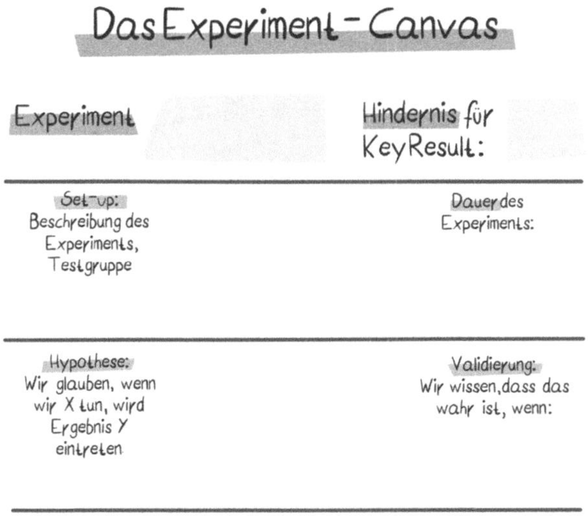

Das Experiment-Canvas

Experiment

Hindernis für KeyResult:

Set-up: Beschreibung des Experiments, Testgruppe

Dauer des Experiments:

Hypothese: Wir glauben, wenn wir X tun, wird Ergebnis Y eintreten

Validierung: Wir wissen, dass das wahr ist, wenn:

Experimente habe ich über meine Arbeit als OKR-Coach hinaus als sehr kraftvolles Denkwerkzeug kennengelernt. Denn es geht weniger darum, die perfekte Methode zu wählen, sondern Menschen dahingehend zu begleiten, dass sie Widerstände und Hindernisse mit Neugier umarmen. Durch das Rahmenwerk OKR bieten sich dadurch beste Chancen, wenn du eben nicht starr an Plänen festhältst, sondern das Forscher:innenherz laut schlagen lässt. Mathias Böni (Murakamy) geht sogar einen Schritt weiter: »Wir sprechen von Strategievektoren, indem wir den Fortschritt durch OKR als Quartals-Wetten sichtbar machen. Durch den Fokus auf das Erreichen der Ziele erzeugen wir Lernen und ermöglichen so die schrittweise Verbesserung seines eigenen Ansatzes. So betreibt man proaktives Risikomanagement.«

7.4 OKR und Scrum: Wie kann das funktionieren?

Die kurze Antwort dazu: Sehr gut. OKR und Scrum (siehe auch scrumguides.org) als prominenteste Stellvertreter für viele agile Frameworks sind Schwestern in der agilen Familie. Beide spiegeln die Werte und Prinzipien wie sie einst im »Manifesto for agile software development« 2001 niedergeschrieben wurden wider. Echte Kundenzentrierung, Umgang mit Komplexität, notwendige Anpassungsfähigkeit auf veränderte Markt- und Kundenbedürfnisse und damit einhergehend eine Reaktionsgeschwindigkeit von befähigten Teams sind nur einige der Grundzüge. Sowohl OKR als auch Scrum bringen die Organisation in einen Rhythmus über vereinbarte Kadenzen. Das eint sie ebenso wie ähnliche Ereignisse, wie Planning, Review und Retrospective. Deshalb kommt es mitunter in der Einführung von OKR dazu, dass insbesondere bei Teams, die bereits in einem agilen Rahmenwerk arbeiten, ein Widerstand entsteht. Nicht selten habe ich Sätze gehört wie: »Warum machen wir das doppelt? Was soll das bringen?«. Diese Einwände sind insbesondere dann nachvollziehbar, wenn Teams nicht verstehen, wie OKR und Scrum (oder jedes andere agile Framework) verzahnt ineinander an unterschiedlichen Stellen Mehrwert schaffen. Rufen wir uns dazu noch einmal die Abbildung aus Kapitel 4 in Erinnerung:

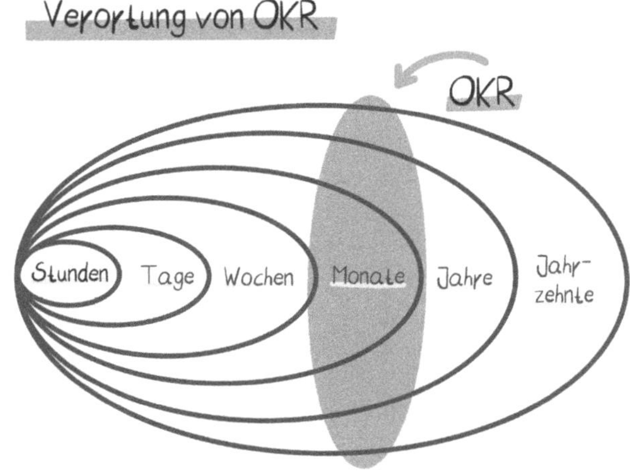

OKR bildet die Brücke von der Strategie auf die operative Ebene. Für diese Umsetzungsebene eigenen sich dann agile Rahmenwerke wie Scrum. Deshalb geht es nicht, um ein »entweder oder«, sondern um ein »sowohl als auch«. Beide Rahmenwerke helfen, auf die gemeinsame Vision einzuzahlen, bespielen aber unterschiedliche Dimensionen.

In vielen der dargestellten Unternehmensbeispielen wird dieser Kombinationsansatz gelebt, beispielsweise bei TESVOLT, wie Tjorven Niels Graßnick berichtet: »Wir trennen das OKR-System und das konkret operative Task- und Projektmanagementsystem. Als Konsequenz führen wir nun Jira ein, um hier konkrete Aufgaben und Projektpläne zu organisieren und die strategische OKR-Arbeit in Mooncamp zu belassen.« Ähnlich läuft es beispielsweise auch im Team von Thorsten Ziegler (DB Systel) ab: »In unserem Cluster-Team BSI (Business Solutions Infrastructure) arbeiten wir operativ in Scrum und für die taktische und strategische Perspektive nutzen wir OKRs.«

Vielen Teams hilft dies, bereits besser zu verstehen, warum das keine Doppelarbeit ist, sondern eben genau auf dasselbe einzahlt. Um dies zu unterstreichen, wende ich zuweilen das »Random Ticket Game« an, das John Cutler 2018 in einem Blogartikel vorstellte. In diesem Fall wird eine beliebige Aufgabe aus einem Projektmanagement-Tool genommen und jedes Teammitglied schreibt auf, wie diese Aufgabe auf eine größere Aufgabe, auf ein größeres Ziel, auf die strategische Richtung und letztlich die Vision einzahlt. Dabei werden sie gebeten, die einzelne Zeithorizonte zu beschreiben und nicht sofort zur Vision zu springen. Diese kurze Übung hilft den Teams, meiner Erfahrung nach, in zweierlei Hinsicht: Sie zeigt auf, wie die Themen sequenziell ineinandergreifen und nimmt gleichzeitig das Team in die Verantwortung, sich auch mit der langfristigen Ausrichtung ihres Produkts oder Service auseinanderzusetzen.

Passend dazu ist auch die Erfahrung von Doris Leinen (DB Systel): »Mir begegnet noch ein anderes Phänomen. Die Sprint-Boards sind so gefüllt, dass die Teams manchmal gar nicht mehr sagen können, welchen Nutzen sie tatsächlich geschaffen haben. Deshalb arbeiten wir in einem anderen Ort – Wiki oder Whiteboard – und beantworten: Was für einen Unterschied habt ihr in diesem Sprint bezüglich eurer Ziele gemacht und wie bewertet ihr das quantitativ?«

Hack: OKR- Labels */ Viele Projektmanagement-Tools, wie Jira, asana oder Microsoft Planner, bieten die Möglichkeit, Labels zu verwenden und damit beispielsweise Aufgaben, Tickets oder User Stories mit der Beschreibung »OKR-Set X« zu kennzeichnen.*

Integration statt Trennung

Insbesondere bei der Gestaltung wiederkehrender Prozesse wie Planning, Review und Retrospective lässt sich eine gute Verknüpfung herstellen. Hilfreich ist es dabei, den Rhythmus bestmöglich zu synchronisieren, beispielsweise mit sechs zweiwöchigen Sprints in einem zwölfwöchigen Zyklus. Ein paar Beispiele wie das in der Praxis gelebt wird:

OKR-Check-in im Rahmen des Sprint Plannings

In einem der Teams, die ich als OKR-Coach begleitete, integrierten wir den OKR-Check-in in das Sprint Planning sogleich als ersten Agendapunkt. Dies ermöglichte, dass die gewonnenen Erkenntnisse direkt im kommenden Sprint berücksichtigt werden konnten. Durch diese Transparenz justierte das Team häufig selbst die Tätigkeiten. Nicht selten fiel der Satz: »Sollten wir in diesem Sprint nicht gezielt an Themen arbeiten, die uns bei Key Result X voranbringen?« Darüber hinaus bietet die Formulierung des Sprintziels im Rahmen von Scrum eine gute Möglichkeit, die Key Results als Micro-Ziele für die kommende Iteration zu verwenden.

OKRs im Sprint Review

Im Sprint Review bietet es sich ebenfalls an, die OKR-Sets zu integrieren, wie Thorsten Ziegler (DB Systel) berichtet: »Die Key Results geben unserem Sprint Review eine inhaltliche Struktur. Wir nehmen uns das erste Key Result und schauen dann auf die damit verbundenen Backlog Items des zurückliegenden Sprints. Abschließend bewerten wir dann noch den Fortschritt des jeweiligen Key Results. Das wiederholen wir dann für jedes Key Result. Damit sind die OKRs in jedem Sprint sehr präsent und geben uns Orientierung.« (Thorsten Ziegler, DB Systel)

Sprint Retrospective »OKR-Edition«

Die OKR-Retrospective, die wir uns im kommenden Kapitel noch genauer anschauen, findet nur einmal im OKR-Zyklus statt. Sollte ein Team, wie bei Scrum üblich, eine regelmäßige Retrospective durchführen, nutze ich, ganz pragmatisch, gerne eine der Regeltermine für die OKR-Retrospective.

Die Kombination von OKR und Scrum ist, wie wir sehen, keine Frage des Ob, sondern eher des Wie. Hier ist Kreativität und Begleitung durch die OKR-Coaches gefragt.

7.5 Die Rolle des OKR-Coaches

Wozu braucht es den OKR-Coach denn eigentlich noch, wenn doch die OKR-Sets geschrieben sind? Diese Frage ist mir schon öfters begegnet und ja, wenn »es läuft« treten OKR-Coaches in ihren Teams während des laufenden Zyklus kaum in Erscheinung. Bis Teams jedoch diesen Reifegrad erreicht haben, sollte ein OKR-Coach unterstützen und für die Teams greifbar sein. Die Kernaufgaben des OKR-Coaches sind dabei die Folgenden:

- Prozesswächter:in in den Teams und Einheiten, wie Terminieren der Meetings und Workshops, Abstimmung mit den Verantwortlichen in den Teams.
- Moderation von Workshops und nach Bedarf auch des OKR-Check-ins.
- Bedarfsgerechte Wissensvermittlung, beispielsweise durch die Bereitstellung von Lernmaterialien, Angebote schaffen, wie Trainings oder Sprechstunden.
- Authentische Begleitung der Veränderung im Sinne eines Change Agents.

Während des OKR-Zyklus wird, erfahrungsgemäß die Rolle als Change Agent benötigt. Dies bedeutet in meiner Interpretation, am Rande des Spielfeldes zu stehen, zu beobachten und das Team Erfahrung sammeln zu lassen. Allerdings gilt es auch, im richtigen Moment zu intervenieren. Doch wann ist der richtige Moment? Meines Erachtens, meist dann, wenn das Team ihre Routinen vernachlässigt und die gemeinsame Ausrichtung zu verlieren scheint. Meist hilft es einer Person oder dem Team, einen Anstoß oder ein Feedback zu geben. Dies kann beispielsweise sein, bei einem OKR-Check-in Feedback zu geben, wie sehr sich dieses Meeting wie ein Herunterbeten von To-do-Listen anfühlt. Um diese schnelle On-the-Spot-Feedbacks zu ermöglichen, kann es hilfreich sein, wenn beispielsweise ein Scrum Master, Agile Coaches oder auch ein anderes Teammitglied interveniert. Dies empfiehlt auch Tjorven Niels Graßnick (TESVOLT): »Teams müssen immer begleitet werden. Das ist kein Selbstläufer. Wir haben dazu die Agile Coaches zusätzlich zu den OKR-Coaches in Sachen OKR befähigt.«

Dabei ist die Haltung des OKR-Coaches immens wichtig und auch Fingerspitzengefühl gefragt, wie Doris Leinen (DB Systel) beschreibt: »Urteile niemals über anderer Menschen OKRs und gib den Freiraum, lernen zu dürfen. Egal mit welchem Set die Teams sich sichtbar machen, das ist erst mal richtig. Es benötigt jemand, der Feedback gibt, aber auch gleichzeitig einschätzen kann, wann es wichtig ist, zu hinterfragen. Das kann eine Begleitung sein oder jemand aus dem Team, der das Mandat erhält, diese Rolle einzunehmen und dranzubleiben. Es gibt immer das Risiko, dass die Menschen das Interesse verlieren. Insbesondere, wenn eine Methode nicht den gewünschten Nutzen bringt.«

Ein guter OKR-Coach ist damit gleichzeitig auch eine Person, die fähig ist, aktiv zuzuhören, Widerstände zu beobachten und diese transparent zu machen, also auch die Bezugsperson, an die sich die Teammitglieder bei auftretenden Schwierigkeiten wenden können. Mitunter kann trotzdem folgendes Phänomen auftreten, wie Johannes Burr (hyppy) feststellt: »Die Propheten im eigenen Land haben es manchmal schwer, weil sie in Sachen OKR eine Bedrohung darstellen.«

In diesem Zusammenhang ist es auch hilfreich, den Austausch der OKR-Coaches zu fördern, denn oft hilft es, sich mit Gleichgesinnten auszutauschen und gemeinsame Interventionsmöglichkeiten für wahrgenommene Probleme in den Teams zu entwickeln. Bei pentacor ist da die Idee des sogenannten Elternabends entstanden, wie Christina Lerch berichtet: »Wir sagen liebevoll, jedes Thema braucht eine Mutti oder einen Vati. So ist die Idee des Elternabends entstanden. Alle zwei Wochen treffen sich die Verantwortlichen und schauen übergreifend, wie wir auf der Grundlage von Feedback und Beobachtungen den Zyklus bestmöglich unterstützen und den Prozess entsprechend unseren Bedürfnissen verbessern können.«

Darüber hinaus bietet eine lebendige Community die Möglichkeit, an der übergreifenden Weiterentwicklung des OKR-Verständnisses zu arbeiten. Tjorven Niels Graßnick (TESVOLT) berichtet in diesem Zusammenhang von einer Übung: »Wir wählen ein willkürliches OKR-Set aus und nehmen das gemeinsam auseinander. Dadurch lernen wir alle, bessere OKRs zu schreiben und die Teams dabei zu coachen.« Einen ähnlichen Ansatz wendete auch Zwetomir Karagaschki (METRO.digital) an. Um die Qualität der OKR-Sets zu verbessern, nutzte er die Zeit während des Zyklus, um in einem monatlichen Austausch mit Interessierten echte OKR-Sets zu prüfen. Dabei ging es in erster Linie darum, den Unterschied von Output und Outcome an realen Beispielen zu erklären.

Die OKR-Community ist damit nicht nur ein sicherer Hafen für die OKR-Coaches, sondern auch ein Lernraum für eben diese. Dies über den Zyklus hinweg zu ermöglichen, ist keine große Zeitinvestition. Die beschriebenen Tätigkeiten eines OKR-Coaches umfassen erfahrungsgemäß zwischen zwei bis acht Stunden, in der Summe, bei einem zwölfwöchigen Zyklus (ausgenommen der OKR-Workshops). Je nach Reifegrad des Unternehmens kann dies auch mehr sein. Meiner Erfahrung nach kommt diese Faustregel aber sehr gut hin.

Im siebten Kapitel haben wir uns mit hilfreichen Routinen wie dem OKR-Check-in auseinandergesetzt. Dieser unterstützt die Teams nicht nur in der Umsetzung ihres Lieferversprechens, sondern auch in der Auseinandersetzung damit, wie sie Hindernisse schnell und nachhaltig aus dem Weg schaffen.

Eine wichtige Erfahrung, die alle OKR anwendenden Unternehmen machen, ist auch, dass der OKR-Coach in seiner Rolle als Ermöglicher, Facilitator und Methodenprofi weiter gefragt ist. Ob dies ungeplante Themen sind, Anpassungen von Zielen oder die Verknüpfung von OKR mit anderen agilen Rahmenwerken, ein OKR-Coach erleichtert das Machen. Sein Beitrag in Sinne von Fördern und Fordern ist erheblich.

Im kommenden Kapitel steigen wir tiefer in den Abschluss des OKR-Zyklus ein. Haben es Teams geschafft, mit ihren OKR-Sets etwas zu bewegen, sind diese bestens gerüstet für den Review und die Retrospective. Im besten Fall wissen die Beteiligten, wie es um ihre Ergebnisse steht und sind bereit, dies mit der Organisation zu teilen.

Besser machen: So lernen Teams im OKR-Zyklus

»Wer aufhört, besser werden zu wollen, hört auf, gut zu sein.«

Marie von Ebner-Eschenbach (1830–1916), Schriftstellerin

Der Zyklus geht zu Ende. Jetzt zeigt sich, was erreicht wurde. Welchen Wert hat das Team und die Organisation für die Kund:innen geschaffen? Wurden die ambitionierten Ziele erreicht? Wie haben die Teams zusammengearbeitet?

Der Review und die Retrospective sind der Präsentations- und Reflexionsraum. Wir bleiben dem Mantra der Transparenz treu und zeigen offen, was erreicht oder eben auch nicht erreicht wurde. In diesem Kapitel stelle ich den Review und die Retrospective als zwei kurze Workshops genauer vor. Gleichzeitig möchte ich dich aber auch ermuntern, zu überlegen, wie eine Auswertung des Zyklus in deinem Kontext aussehen kann. Christina Wodtke (2021: 217) schreibt dazu sehr passend: »The rituals that make OKRs work can be adapted to the company culture. As long as you have a commitment ritual and a celebration ritual.«

Darüber hinaus werden wir uns anschauen, wie die Erkenntnisse aus den Teams auch für eine Reflexion auf Unternehmensebene verwendet werden können. Schließlich sollte auch hier wachsam darauf geachtet werden, wie OKR hilft, die Probleme des Unternehmens transparent zu machen. Damit einher geht auch die Frage, wie wir denn eigentlich den Erfolg von OKR messen. Schließlich wollen wir dateninspirierte Entscheidungen treffen und sollten uns, meines Erachtens, kritisch damit auseinandersetzen, was wir mit und durch OKR erreichen wollen.

8.1 Der Review: Was haben wir erreicht?

Der OKR-Review bezeichnet ein Ereignis circa drei bis eine Woche vor Ende des OKR-Zyklus, bei dem die Teammitglieder auf die erreichten Ergebnisse zurückschauen. Der Fokus liegt auf den OKR-Sets und den Zahlen, Daten, Fakten. Mitunter gibt die OKR-Architektur einen Rhythmus vor, sodass die Teams zu einem bestimmten Zeitpunkt gebeten werden, ihre OKR-Sets zu reflektieren und das Ergebnis im Tool ihrer Wahl einzutragen. Dies ist als nahezu endgültig zu verstehen. Erfahrungsgemäß bildet der OKR-Review den Abschluss, etwaiger Fortschritt in der Zielerreichung kann auch am letzten Tag des Zyklus im Tool aktualisiert werden.

Als Vorbereitung auf das in der Regel zwischen fünfzehn- bis neunzigminütige Meeting werden alle »Zahlen« bereits vor dem Review eingetragen, sodass die gemeinsame Zeit für die Diskussion der Erkenntnisse genutzt wird. Das Zeitfenster hängt stark von der Teamgröße und der Vorbereitung ab. Auch hier gilt: Je besser vorbereitet, desto fokussierter läuft die Besprechung ab. Ich gebe den Teams diese drei Fragen an die Hand, die sie bezogen auf die ursprünglich geplante Zielerreichung reflektieren sollen:

1. Was ist das Wichtigste, was wir inhaltlich in diesem Zyklus gelernt haben?
2. Was sollten wir im kommenden Zyklus unbedingt bedenken?
3. Gibt es etwas, was wir nicht fertig bekommen haben, was wir unbedingt weiterverfolgen sollten?

Die Teammitglieder werden gebeten, ihre Erkenntnisse vorab auf ein (digitales) Whiteboard zu bringen. Diese werden im Meeting nicht einzeln durchgegangen, sondern lediglich die Essenz der Erkenntnisse diskutiert.

Eine typische Agenda, die dir auch in der digitalen Playbox zur Verfügung steht, sieht bei mir wie folgt aus:

Agenda	Beschreibung
1. Bewertung der Ziele	Gemeinsamer Blick auf die OKR-Sets inkl. Zielerreichung.
2. Lessons Learned	Identifikation der drei wichtigsten Erkenntnisse inhaltlicher Art auf Basis der Vorbereitung.
3. Nächste Schritte	Festhalten der Erkenntnisse und nach Bedarf Verteilung von resultierenden Aufgaben.

Sehr ähnlich schaut auch die Agenda des »Sieben Minuten Review« aus, von der Sascha Wegner (OTTO) berichtet: »Alle Bereichsleitende bekommen sieben Minuten Zeit in der Besprechung und über die Iterationen hinweg wird gar nicht mehr detailliert auf die Zielerreichung eingegangen, sondern viel mehr auf das, was wir gelernt haben und was wir beim nächsten Mal anders machen werden.«

***Hack: Leaders speak last** / Je nach Teamkonstellation und Unternehmenskultur, ermutige ich die Teammitglieder, als erstes ihre Erkenntnisse zu teilen, bevor die Führungskraft spricht. Dies kann verhindern, dass Teammitglieder ihre Sichtweise zu sehr der ihrer Führungskraft angleichen. Deshalb stimme ich mich in der Rolle des OKR-Coachs mit der jeweiligen Führungskraft schon vorab zum Vorgehen ab und ermuntere diese zum Zuhören. Mein Motto ist »Listen to understand, not to reply.«*

Wer bewertet, was wir erreicht haben?

Da wir im Idealfall schon in den Planungs- und Abstimmungsschleifen vor Beginn des Zyklus die Zielerreichung festgelegt haben, ist die Bewertung, nüchtern betrachtet, schnell erledigt. Ob in der Bewertungslogik von Google oder prozentual betrachtet, hoffentlich sind einige der OKR-Sets im goldenen Korridor zwischen 0.6 und 0.8 beziehungsweise zwischen sechzig und achtzig Prozent gelandet. Dabei wird jedes einzelne Key Result betrachtet. In der Regel übernehmen diese Bewertung der Wirksamkeit die Teams selbst. Judith Braun (Deutsche Telekom) brachte in diesem Zusammenhang ein gutes Beispiel, wie bewusst auch Feedback außerhalb des Teams eingeholt werden kann: »Eines unserer Cluster holt sich zwei seiner internen Kunden in den Review – die sogenannten Wirkungschecker. Dann werden die OKR-Sets vorgestellt und dann wird geschaut, ob die durchgeführten Aktionen auch bei der Anspruchsgruppe auf positive Resonanz gestoßen sind. Dann gibt es da ein ehrliches Daumenvoting und das ist sehr hilfreich.« (Judith Braun, Deutsche Telekom)

Trotz aller genauer Planung kann es auch den Fall geben, dass die Teams zwar alles getan, aber eben nicht alles erreicht haben. Stefan Friedrich (EDAG) berichtet dazu: »Wir hatten letztes Quartal die Situation, dass wir dasaßen und festgestellt haben: Alle Key Results sind erreicht, aber ehrlicherweise das Objective nicht. Da war der Aufschrei groß. Das war ein unbekanntes Thema und wir haben zu Beginn überlegt, was könnten geeignete Hebel sein, um das Ziel zu erreichen. Und dann haben wir eben festgestellt, dass zwei davon nicht die richtigen Hebel waren.« Weiter berichtet Stefan Friedrich, wie er dann den Zusammenhang erklärte: »Key Results leisten einen Beitrag und geben eine Richtung. Sie sind aber kein Versprechen, dass ich es auch wirklich erreiche. Es erhöht die Wahrscheinlichkeit, dass es erreicht wird.«

Paul Rodoreda (Haufe Talent) berichtet ebenfalls davon, dass es beim Review insbesondere auch um eine kritische Auseinandersetzung damit geht, welcher Wert tatsächlich geschaffen wurde. Dazu berichtet er: »Bei unseren Reviews sind wir noch nicht dort, wo wir sein wollen. Wir müssen noch unseren Weg finden, wie wir die Erkenntnisse zum einen in einer unterhaltsamen Weise teilen. Ebenso müssen wir aber auch reflektieren und ehrlich zu uns sein: Haben wir wirklich einen Mehrwert geschaffen? Dazu muss man die Zielerreichung auch ins Verhältnis zum geschaffenen Wert setzen.«

Es kann also sein, dass ein OKR-Set im kommenden Zyklus fortgeführt wird, da die ausgewählten Hebel nicht wirkungsvoll waren oder das OKR-Set nicht ganz fertig geworden ist. Dies kann dazu führen, dass das Team sich bewusst entscheidet, weiter am OKR-Set zu arbeiten.

Dies passiert erfahrungsgemäß häufiger als gedacht in den unterschiedlichsten Ausprägungen:

- Am alten OKR-Set wird unter dem Radar weitergearbeitet, obwohl neue OKR-Sets abgestimmt werden.
- Das OKR-Set wird in den neuen Zyklus übertragen und unverändert weitergeführt.
- Das OKR-Set wird nicht weitergeführt.
- Das OKR-Set wird reflektiert und in angepasster Version fortgeführt.

Ehrlicherweise empfehle ich den Teams, mit denen ich arbeite, ausschließlich die letzten beiden Varianten. Ich bin fest davon überzeugt, dass OKR eben genau diese Reflexionsräume schafft, um bewusste Entscheidungen zu treffen, auf welchen Themen wir uns fokussieren und das kostbare Gut »Zeit« investieren.

Die Sache mit dem Feiern

Christina Wodtke (2021: 217) spricht in ihrem Buch »Radical Focus« davon, dass jedes Unternehmen sich über ein »Feierritual« Gedanken machen sollte. In meinen Interviews habe ich deshalb neugierig die Frage gestellt: Wie wird bei euch der Abschluss des OKR-Zyklus gefeiert? Die Antworten gingen unisono in die Richtung: »Feiern würde ich das nicht nennen.« Die Gründe dafür scheinen vielschichtig zu sein. Einige sind bereits in den Planungen und Abstimmungen für den kommenden OKR-Zyklus eingetaucht, andere empfinden das als nicht passend für die eigene (Unternehmens-)Kultur. Meiner Meinung nach ist es allerdings wichtig, dass das Geleistete wahrgenommen und wertgeschätzt wird. Vielleicht ist »feiern« nicht für jeden das richtige Wort. Mir geht es vielmehr darum, Feierrituale als Verstärker für ein gewünschtes Verhalten von Menschen zu sehen. Warum nicht Fehler feiern, gescheiterte Experimente genauso wie erfolgreiche? Und die Möglichkeiten sind dabei vielfältig. Hier ein paar Ideen:

All-hands-Meetings beziehungsweise Betriebsversammlungen
Viele Unternehmen nutzen Veranstaltungen mit allen Mitarbeitenden zur Kommunikation und Interaktion mit der Belegschaft. Im Rahmen dieser lassen sich die Erfolge und Wertschätzung bezogen auf OKR gut einbauen, beispielsweise durch verschiedene Kategorien wie »Grandios gescheitert«, »Überraschungserfolg« oder »Wichtigste Erkenntnis«. Dazu reichen die Teams ihre Beispiele ein, die dann in der Veranstaltung idealerweise von ihnen selbst vorgestellt werden.

Newsletter, Intranet und Kollaborationsplattformen
Ein weiteres Medium sind asynchrone Kommunikationsformen, wie E-Mail oder Kollaborationsplattformen wie Microsoft Yammer oder Slack. Die Teams können hier zum Teilen der Hits and Shits ermuntert werden. Dies fördert das teamübergreifende Lernen.

Meet-ups, Lunch and Learn
In eine ähnliche Richtung gehen auch interne Meetup-Formate, die entweder in Bereichen oder Clustern stattfinden oder auch allen Interessierten in der Organisation offen sind. In der METRO.digital experimentierte ein Bereich mit einem Lunch-and-Learn-Format. Der gesamte Bereich war zu Pizza and OKR eingeladen. In informeller Atmosphäre stellte jeweils ein Teammitglied die Erkenntnisse des letzten Zyklus stellvertretend für das Team vor. Nach den kurzen Präsentationen diskutierten die Teilnehmenden bei einem Stück Pizza im Stehen die Ideen für den kommenden Zyklus.

Es muss nicht die große Party sein, allerdings bin ich eine Freundin davon durch, kleine Rituale das Geleistete wertzuschätzen.

Grundsätzlich lässt sich der Review auch mit der Retrospective, die wir uns im Folgenden anschauen, verknüpfen. Je nach Gusto und Kontext kann dies durchaus Sinn machen. Meiner Erfahrung nach hilft es allerdings, zumindest einen gedanklichen Schnitt zum Beispiel in Form einer Pause zu machen. Der Review dient der Auseinandersetzung mit der Frage »Was haben wir erreicht?«, während die Retrospective sich mit der Frage »Wie haben wir das durch unsere Zusammenarbeit erreicht?« beschäftigt. Da es vielen Teams leichter fällt, über das Was? als über das Wie? zu sprechen, trenne ich den Review wann immer möglich, deutlich von der Retrospective.

8.2 Die Retrospective: Wie haben wir es zusammen erreicht?

Die Retrospective ist eines der Schlüsselformate in agilen Rahmenwerken und damit auch von OKR. Es ist in der Regel ein dreißig- bis neunzigminütiger Workshop innerhalb eines Teams oder einer Einheit mit dem Ziel, die Zusammenarbeit in der vergangenen Iteration zu reflektieren und geeignete Maßnahmen (meist Action Items genannt) für das zukünftige Wirken abzuleiten.

Die OKR-Retrospective findet ein bis drei Wochen vor Ende des Zyklus statt, meist in unmittelbarer Nähe zum Review. Für die OKR-Retrospective kann es hilfreich sein, eine Moderation hinzuziehen. Dies kann ein OKR-Coach, Scrum Master oder im Zweifelsfall auch ein Teammitglied übernehmen und dadurch sicherstellen, dass der Workshop gut vorbereitet ist.

Die typische Agenda umfasst die folgenden Punkte:

Agenda	Beschreibung
1. Check-in	Kurze Einstiegübung zum Ankommen und Schaffen eines sicheren Raums, in dem das Team sich wohlfühlt, Themen anzusprechen.
2. Zusammenarbeit reflektieren	Rückblick auf den zurückliegenden OKR-Zyklus und Identifikation von Verbesserungsfeldern.
3. Maßnahmen ableiten	Identifikation einer Handvoll Maßnahmen, die im kommenden Zyklus, bezogen auf die Zusammenarbeit, umgesetzt werden sollen.
4. Check-out	Einholen von Feedback, beispielsweise zum Format oder zur Zufriedenheit mit den beschlossenen Maßnahmen.

Zur Auswahl eines geeigneten Formats für die Retrospective gibt es viele hervorragende Quellen im Internet. Besonderes gerne nutze ich die Internetseiten www.retromat.org und www.funretrospectives.com zur Inspiration. Im Folgenden zeige ich dir ein Format, welches sowohl Daniel Schönheim (Eurowings), als auch ich, gerne verwenden: Die Stop-Start-Continue-Retrospective. Die Unterteilung in Zeilen kann je nach Bedarf mit besonderen Kategorien gefüllt werden, beispielsweise mit den einzelnen OKR-Sets, oder wie Daniel Schönheim es nutzt, mit den Kategorien »technisch«, »menschlich« und »Spaßfaktor«.

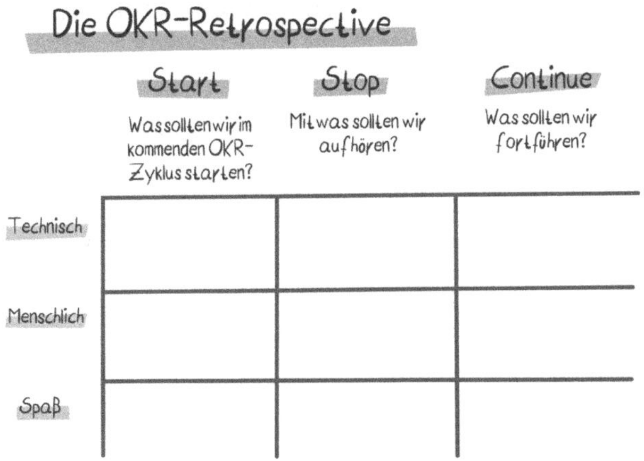

Agenda für eine einstündige, virtuelle Retrospective mit zwölf Teilnehmenden

Zeit	Thema	Methode
2 Minuten	**Check-in: Ziele |** Ziele des Workshops und Rahmen erläutern: Es geht um das Wie und die Zusammenarbeit während des OKR-Zyklus.	Präsentation
5 Minuten	**Check-in: Ankommen |** Jedes Teammitglied beantwortet mit einem Wort, wie es den vergangenen Zyklus, bezogen auf die Zusammenarbeit, erlebt hat.	Impulsfrage
15 Minuten	**Reflexion der Zusammenarbeit je Spalte |** Aufteilung in drei Kleingruppen. Jede Gruppe diskutiert über eine Spalte und sammelt die Erkenntnisse auf dem digitalen Whiteboard.	Kleingruppen
25 Minuten	**Teilen der Erkenntnisse in der Großgruppe |** Jede Gruppe fasst ihre Ergebnisse in zwei Minuten zusammen. Dann werden Themen geclustert und diskutiert.	Diskussion im Plenum
10 Minuten	**Maßnahmen ableiten |** Gemeinsam werden die Maßnahmen definiert nach dem Schema: Was, bis wann und durch wen?	Diskussion im Plenum
3 Minuten	**Check-out |** Jedes Teammitglied beantwortet mit einem Wort, was es sich von den anderen für den kommenden OKR-Zyklus wünscht	Impulsfrage

Hinweis: In der digitalen Playbox steht dir die Agenda als Download zur Verfügung.

Welche Herausforderungen können auftreten?

»Retros sind das A und O. Ohne eine kontinuierliche, ehrliche Weiterentwicklung scheitern solche Projekte«, bringt es Tjorven Niels Graßnick (TESVOLT) auf den Punkt. Obwohl viele Mitarbeitende erlebt haben, welche Veränderungskraft und positive Teamdynamik eine gute Retrospective bewirken kann, ist die Retrospective dennoch das Ereignis, das meist als erstes vom Wagen fällt. Dieses gilt aber nicht nur für OKR, auch viele Scrum Master können ein Lied über das Interesse und die Beliebtheit von Retrospektiven singen. Es scheint in der menschlichen Natur zu liegen, dass wir immer nur nach vorne schauen wollen. Das bewusste Zurückschauen erscheint uns überflüssig. Doch wo liegt die Wahrheit, was kann ich aus der Praxis berichten, was haben mir viele meiner dreißig Interviewpartner:innen zu diesem Punkt mitgeben können?

Die erste Erkenntnis ist, dass wenn in deinem Unternehmen Retrospektiven auch nicht sonderlich geschätzt werden, dann ist das einerseits normal, aber andererseits eine komplette Fehleinschätzung. Dennis Liggeri (StepStone) unterstreicht dies: »Die Retrospective wird aus meiner Sicht oft stiefmütterlich behandelt. Es ist das erste Meeting, das wegfällt. Da steckt sehr viel Potenzial drin, wenn man sich die Zeit nimmt.« Herausforderung Nummer Eins, insbesondere für den begleitenden OKR-Coach, ist die Retrospective zu schützen und das Format für das Team so wirkungsvoll wie möglich zu machen.

Flucht auf die Prozessebene

Eine weitere Herausforderung beschreibt Sascha Wegner (OTTO), nämlich wie schwierig es sein kann, die Teams wirklich dazu zu bringen, dass sie über die Zusammenarbeit im Team sprechen: »Wir hatten eine Retro über den Prozess, aber weniger auf Teamebene und immer, wenn wir versucht haben, beides zu machen, haben sich die Teilnehmenden auf die Prozessebene geflüchtet.«

Diese Fälle habe ich auch zuhauf erlebt, speziell dass die Teilnehmenden ausgiebig über die OKR-Architektur, die

Anzahl der OKR-Sets oder die Verbesserung des horizontalen Alignments mit anderen Teams sprechen. Daran ist auch gar nichts falsch. Dies kann diskutiert werden, es sollte meines Erachtens allerdings auch auf die Zusammenarbeit im Team geschaut werden. Deshalb kann es hilfreich sein, eine Moderation dabei zu haben, sodass diese kontinuierlich den Fokus wieder auf die eigentliche Fragestellung richten kann.

Zu viel Rückblick, wenig Ausblick

Eine weitere Herausforderung in der Praxis ist, dass die Retrospektive im wahrsten Sinne des Wortes betrachtet wird, und zwar ausschließlich als Rückblick. Im Extremfall kann dies beispielsweise dazu führen, dass der Workshop ohne eine Maßnahme beendet wird. Um den Blick auf die zukünftige Zusammenarbeit zu richten, empfiehlt Andreea Havrisciuc (METRO.digital), den Blick darauf zu richten, dass die beschlossenen Maßnahmen unmittelbar in das bevorstehenden OKR-Planning einfließen.

Die Retrospective ist viel mehr als ein reines Ereignis, um die Zusammenarbeit im Team zu verbessern. Es ist ein Spiegel der Teamgesundheit. Es kann aufzeigen, ob und wenn ja, wie weit ein Team bereit ist, Themen anzusprechen und gemeinsam anzugehen. Die Retrospective ist ein Puzzleteil eines High-Performing-Teams. Wer sie weglässt, nimmt sich die Chance, aus einem normalen Team ein außergewöhnliches zu machen.

8.3 Reflexion auf Unternehmensebene

Die Macht der Reflexion kann auch auf Unternehmensebene genutzt werden. Durch den OKR-Zyklus als Taktgeber wird zeitgleich in unterschiedlichsten Ecken der Organisation ein Gesundheitscheck durchgeführt. Diese eingesammelten Datenpunkte können Muster aufzeigen und als Signale interpretiert werden.

Besonders gut ist mir in diesem Zusammenhang der Vergleich von Frauke von Polier (Viessmann) in Erinnerung geblieben: »OKR ist ein lebendiges Organ.« Weiter berichtet sie: »Das bedeutet, ich muss ständig daran arbeiten und entscheiden, an welchen Stellen ein Eingreifen und Steuern sinnvoll sein könnte. Daraus kann ich dann ableiten, ob ich die Teams stärken, die Verantwortlichkeit erhöhen oder die Qualität verbessern will.«

Wie kann diese übergreifende Reflexion aussehen?

Die OKR-Community und allen voran der OKR-Champion stoßen diese Meta-Reflexion an und treiben sie bestenfalls auch im engen Austausch mit dem Sponsorship. Die OKR-Coaches sind nah an den Teams dran und können die wesentlichen Erkenntnisse und Muster in eine größere Runde bringen. Ein Grundprinzip von Retrospektiven ist die Las-Vegas-Regel (What happens in Vegas, stays in Vegas). Diese gibt dem Team einen sicheren Rahmen, Themen anzusprechen. Die Coaches nehmen übergreifende Hindernisse stets nur abstrahiert mit.

Für die Reflexion auf Unternehmensebene eignet sich die Retrospective mit einem ausgewählten Teilnehmendenkreis, ebenso wie Gesprächsangebote und Umfragen. Ein paar Beispiele aus der Praxis:

Retrospective in der OKR-Community

Eine Retrospektive innerhalb der OKR-Community ist eine Möglichkeit, die übergreifenden Schmerzpunkte der Teams transparent zu machen. Dafür reichen in der Regel dreißig bis sechzig Minuten für eine Diskussion rund um die Fragen: Was lief gut? Wo sehen wir Verbesserungsbedarf? Welche Themen sollten wir unbedingt angehen? In dieser Runde wird sich damit auch bewusst auseinandergesetzt, inwiefern der OKR-Prozess angepasst werden sollte oder eben auch nicht. Sascha Wegner (OTTO) berichtet dazu: »Menschen in Teams ausprobieren lassen, birgt natürlich immer die Gefahr, dass da viele Varianten, zum Beispiel auch von OKR entstehen. Bei uns war das ja so ein bisschen eine Graswurzelbewegung und das hat gut funktioniert und eine Standardisierung war da gar nicht nötig. Standardisierung brauchst du ja dann erst, wenn es Probleme gibt, die du übergreifend lösen möchtest.«

Eine weitere Möglichkeit die OKR-Community und deren Expertise zu nutzen, teilt Tjorven Niels Graßnick (TESVOLT) mit: »Wir nehmen OKR-Sets mit niedrigem Fortschritt in eine übergreifende Reflexion zwischen OKR-Coaches und ›Vision-and-Strategy-Board‹ mit, und zwar nur die offenen Themen, ohne zu schauen, welches Team, das verantwortet. Es geht dabei um die Sache und ob diese weiterhin wichtig für TESVOLT ist. Wichtige Sachen kommen im Zweifel auch wieder und werden erneut in OKRs gegossen. Dann jedoch oft mit anderen, besseren Erfolgsmetriken.«

Retrospective mit Freiwilligen aus dem Unternehmen

Eine weitere Möglichkeit, ein Stimmungsbild über den OKR-Prozess an sich als auch die crossfunktionale Zusammenarbeit einzuholen, können dezidierte Retrospektiven in Bereich oder auch für das Gesamtunternehmen sein. Julia Ries (Media Impact) erzählt von einem Moment, in dem es notwendig schien, zu reflektieren: »Wir hatten einen Punkt erreicht, wo wir beobachtet haben, dass das ganze Thema so ein bisschen an Verständnis und Akzeptanz verloren hatte. [...] Deshalb sind wir noch einmal zurück auf Los und haben die Sinnfrage gestellt. Nicht nur an uns, sondern vor allem an die Organisation. Das haben wir in drei großen Workshops gemacht und insbesondere viele Führungskräfte eingebunden. Da ist einiges auf den Tisch gekommen, wie zum Beispiel, dass die mitgebrachten Themen und Ziele so verunstaltet werden, dass sie am Ende gar nicht mehr wiederzuerkennen sind. Daraus haben wir einige Schlüsse gezogen, zum Beispiel pragmatischer bei den Formulierungen zu werden und eben nicht Zahlen nur wegen einer Zahl zu kreieren. Wir waren offen, was den Ausgang anging. Die Beteiligten haben sich entschieden, sich anzupassen und es fühlt sich so an, als sei die Zustimmung jetzt größer als je zuvor.«

Ich habe schon einige Teams erlebt, die sich nach einige Zyklen fragen, welchen Sinn OKR für sie hat. Diese Frage begrüße ich sehr, denn schließlich ist OKR ja als Rahmenwerk für kritisches Denken zu verstehen und damit haben Zweifel auch eine Daseinsberechtigung. Als OKR-Coach habe ich dafür vier Fragen in petto, die ich dem Team in solchen Fällen stelle:

- Was würde uns fehlen, wenn wir heute mit OKR aufhören?
- Welches Problem wollten wir ursprünglich mit OKR lösen?
- Wenn OKR nicht mehr wäre, wie würden wir es stattdessen tun?
- Wie messen wir, dass wir mit dem, was wir stattdessen tun, erfolgreicher sind?

Das Schöne an Fragen ist, dass sie einladen, zuzuhören. Das mag banal klingen, dennoch sind sie der Schlüssel für jegliches Veränderungsvorhaben. In den Werkzeugkasten eines jedes Unternehmens gehören deshalb Kommunikationsformate, die ermuntern, Fragen zu stellen.

Von Kitchen Talk bis Umfragen

In einigen Unternehmen haben sich bereits informelle Austauschformate etabliert, die Gesprächsangebote schaffen, wie beispielsweise beim Kitchen Talk. In diesem Fall steht der OKR-Champion oder eine Führungskraft in einer (virtuellen) Kaffeeküche Rede und Antwort zu OKR. Mitarbeitende können dort ihre Fragen stellen oder ihr Anliegen vorbringen. Dies schafft einen zusätzlichen Kanal und damit die Möglichkeit, zu verstehen, welche Bedürfnisse die Mitarbeitenden zum Ausdruck bringen.

Darüber hinaus nutzen viele Unternehmen bereits Tools, die schnelles und unkompliziertes Aufsetzen von Umfragen ermöglichen. Um ein Stimmungsbild in der Organisation am Ende des Zyklus zum OKR-Prozess einzufangen, ist eine Umfrage eine weitere Möglichkeit, mehr über die Anwendung von OKR zu erfahren. Eine weitere Möglichkeit sind existierende Umfragen, wie beispielsweise eine Mitarbeiterbefragung, zu nutzen und dort entsprechende Reflexionsfragen zu OKR zu ergänzen.

8.4 Woran messe ich denn eigentlich den Erfolg von OKR?

Was wäre ein Buch über OKR, ohne sich mit der Frage auseinanderzusetzen, welche Messkriterien für den OKR-Prozess geeignet sind? Schließlich sollen uns dateninspirierte Entscheidungen helfen, bessere Entscheidungen zu treffen. Genau aus diesem Grund habe ich diese Frage in den Interviews zu diesem Buch gestellt. Die Antworten geben einen Überblick, wie in der Praxis gemessen wird, ob der OKR-Prozess gelebt und die damit angestrebten Ziele erreicht werden. Die vorgestellten Beispiele erheben keinen Anspruch auf wissenschaftliche Evidenz, sondern bieten die Möglichkeit, Signale zu erkennen und Trends wahrzunehmen. An dieser Stelle sei noch einmal Kapitel 4 und die Gründe der Einführung von OKR in Erinnerung gerufen. Unternehmen erhoffen sich in der Regel von OKR:

- Fokussierung der Organisation auf die strategische Ausrichtung
- Disziplin in der Umsetzung der Strategie erzeugen,
- Verbesserung der crossfunktionalen Zusammenarbeit,
- Transparenz des messbaren Fortschritts,
- Verkürzung der Lernschleifen und dadurch Möglichkeit, anpassungsfähiger auf Veränderungen reagieren zu können.

Diese Gründe eignen sich meiner Erfahrung nach als guter Startpunkt geeignete Messkriterien für das Veränderungsvorhaben zu entwickeln. Beispielsweise könnte sich der OKR-Champion mit dem Sponsorship oder gar die OKR-Community ein OKR-Set hinsichtlich der erfolgreichen Implementierung von OKR erstellen und damit auch messbar machen. In der Praxis werden dafür Umfragen oder qualitative Interviews genutzt, als auch, falls möglich, Auswertungen aus einer genutzten OKR-Software.

Ob nun OKR gelebt und als wertvoll von den Mitarbeitenden gesehen wird, lässt sich beispielsweise am Grad der Zustimmung und des Engagements ablesen.

Wie stark ist die Zustimmung?

Lin Liu (SAP) berichtet, dass sie Zustimmung zum Rahmenwerk über eine regelmäßige Umfrage ermitteln. Hier werden unter anderem die folgenden Fragen auf einer Skala von 1 bis 10 gestellt:

- Wie sinnvoll findest du OKR in deinem Kontext?
- Wie sehr hat sich die Transparenz verbessert?
- Wie klar sind die Prioritäten?
- Wie gut fühlst du dich von deinem OKR-Coach unterstützt?

Einen ähnlichen Ansatz verfolgt auch BabyOne, wie Judith Altemark erzählt: »Wir machen das über eine Umfrage: Wie fühlt ihr euch? Was bringt es euch? Dabei leuchten wir insbesondere in die Bereiche rein, in denen wir besser werden wollen, zum Beispiel Fokus, Struktur, Transparenz. Durch die regelmäßigen Umfragen haben wir gelernt, wo es hakt, zum Beispiel sind die Mitarbeiter:innen tendenziell unzufriedener mit OKR in Bereichen, in denen viel Tagesgeschäft aufläuft.«

Umfragen eignen sich als gutes Stimmungsbild und »Zahlensammelbecken«. Wichtig ist es darüber hinaus, im nächsten Schritt einem Trend auf den Grund zu gehen. Warum verzeichnen wir einen negativen Trend? Sieht die Organisation einen Nutzen? Sind die Prioritäten wirklich klarer? Was immer wir sehen, ist eine Einladung, das Signal besser zu verstehen. Dazu kann es hilfreich sein, über Interviews mit Mitarbeitenden der tieferliegenden Ursache auf den Grund zu gehen.

Hack: Positive Trends kommunizieren / *Vor lauter Fokus auf Verbesserungsmöglichkeiten vergessen wir zuweilen auch, positive Trends zu kommunizieren. Nimmt beispielsweise ein Großteil der Organisation wahr, dass es besser gelingt, einen Fokus zu setzen, dann kann dies eine Nachricht im Intranet wert sein.*

Wie engagiert sind die Mitarbeitenden?

Ein weiteres Feld für mögliche Indikatoren dafür, dass der OKR-Prozess tatsächlich gelebt wird, lässt sich unter dem Schlagwort »Engagement« zusammenfassen. Als

Datenpunkte eignen sich die jeweiligen Workshops, aber auch aus der eingesetzten OKR-Software lassen sich über die Analysekomponenten Erkenntnisse erlangen.

Zwetomir Karagaschki (METRO.digital) wirft dabei auch einen genauen Blick auf die Elemente, die dem Set-and-forget-Syndrom entgegenwirken. Dazu zählt unter anderem, wie regelmäßig der Fortschritt bei den Key Results während des OKR-Zyklus eingetragen oder wie häufig das Check-in Modul in der Applikation genutzt wird. Dies sind für ihn beides Mal Möglichkeiten, zu sehen, »ob der Prozess angenommen wird.«

Wie schöpfen wir das Potenzial von OKR aus?

Darüber hinaus empfehle ich Unternehmen, sich ebenfalls für einen Indikatoren zu entscheiden, der ihnen ermöglicht, das volle Potenzial von OKR auszuschöpfen. Wie bereits mehrfach erwähnt, ist ein Hebel, die Qualität der OKR-Sets schrittweise zu verbessern. »Als Prozessverantwortliche schauen wir uns beispielsweise an, wie viel weniger Aufgaben und Meilensteine im Verhältnis zu Metriken definiert werden.« (Zwetomir Karagaschki, METRO.digital).

Spannend fand ich auch den Ansatz von Alexander Trampisch (SwissCommerce Group), sich über die »Cost of not doing it« Gedanken zu machen, die aufzeigen kann, wie wichtig es ist, die Ressourcen auf die Fokusthemen auszurichten. Apropos Fokus: Wie wäre es denn, die Anzahl der Neins der Führungskräfte und Teams im laufenden OKR-Zyklus zu messen? Wie werden die OKR-Sets beschützt und neue Themen bewusst hinterfragt?

OKR trainiert nicht nur den Fokusmuskel, sondern auch unseren Datenmuskel. Möchte eine Organisation mehr datengetriebene Entscheidungen treffen, dann kann dieses Veränderungsziel auch als Messkriterium verwendet werden. Fragen könnten hierbei sein:

- Wie sehr und gut treffen unsere Organisationseinheiten datenbasierte Entscheidungen? Messgrößen: Anzahl der getroffenen Entscheidungen auf Basis von Daten, Häufigkeit der Nutzung von Dashboards.

- Wie ändert sich die Geschwindigkeit in der Entscheidungsfindung? Messgrößen: Durchschnittliche Zeit von Idee bis Entscheidung, Anzahl an Ideen, die nicht umgesetzt werden.

Es gibt viele weitere Möglichkeiten, den OKR-Prozess messbar zu machen und so anhand von Indikatoren, Transparenz über die Adoption des Rahmenwerks zu bekommen. Auch hier gilt: Mach keine Doktorarbeit daraus. Für den Anfang reicht auch eine regelmäßige Umfrage, die für das Unternehmen wichtigsten Veränderungsdimensionen im Blick behält. Die OKR-Community in Zusammenarbeit mit dem Sponsorship hat dann die Aufgabe, entsprechende Maßnahmen abzuleiten.

Mit dem achten Kapitel haben wir den OKR-Zyklus in allen seinen unterschiedlichen Facetten erkundet und schließen den zweiten Teil des Buches. Du weißt nun, wie du gute OKR-Sets schreibst, wie du Output von Outcome unterscheidest und hast verschiedene Varianten der Planungs- und Abstimmungsschleifen kennengelernt. Während des laufenden OKR-Zyklus gilt es, die eigentliche Umsetzung der Ziele dadurch zu begleiten, indem wir die richtigen Interventionen zum richtigen Zeitpunkt anwenden, um uns darauf zu fokussieren, was wir uns vornehmen, auch zu erreichen. Die Reflexion bildet den Abschluss des Zyklus und gibt hilfreiche Verbesserungsimpulse.

Im kommenden Kapitel werden wir uns abschließend noch mit weiteren, übergreifenden Fragen beschäftigen, die bei vielen Unternehmer im Laufe des OKR-Lebenszyklus auftauchen. Wie beeinflusst OKR die Kulturentwicklung? Welche Rolle spielen Feedback und Performance? Wie könnten wir OKR weiterentwickeln, um noch nachhaltiger wirksam zu sein?

Teil 3: Beyond OKR-Zyklus

Weiter machen: Wie du OKR für dich weiterentwickelst

»Kultur ist nichts Sichtbares, sondern das unsichtbare Band, das die Dinge zusammenhält.«

Joseph Joubert (1754 bis 1824), französischer Essayist

Vielleicht kennst du das Gefühl im Restaurant, dass das Gericht noch besser schmeckt, wenn auch die Atmosphäre stimmt. Es ist nicht nur die Qualität der Speisen und Getränke oder der aufmerksame Service dafür verantwortlich, sondern für mich ein Gefühl des Willkommenseins – etwas Fühlbares und meist Unsichtbares. In diesem Kapitel geht es genau um diese Themen, die OKR nachhaltiger und wirksamer machen können. Dabei werden wir uns sowohl mit der Frage auseinandersetzen, welchen kulturellen Boden OKR idealerweise vorfinden sollte, als auch, wie OKR die Unternehmenskultur beeinflussen kann. Im Fokus steht dabei das Zusammenspiel von Feedback und (Team-)Performance und warum es ein hohes Risiko birgt, OKR mit Bonussystemen zu verknüpfen. Die Facetten von OKR in der Praxis sind so wunderschön bunt und vielfältig, dass dieses Kapitel fast schon mit einem Plädoyer auf die Anpassungs- und Experimentierfreude endet.

9.1 OKR und Unternehmenskultur: Wer beeinflusst wen?

Bücher über Kulturveränderung, insbesondere im Unternehmenskontext, füllen ganze Regale, weshalb ich mich in meinen Ausführungen darauf beschränken werde, wie der Einfluss im Zusammenhang mit OKR zu bewerten ist. Zunächst allerdings meine von Edgar H. Schein (2009: 27) inspirierte Definition: Kultur ist das erlernte Selbstverständnis einer Organisation, wie sie gemeinsam Probleme löst und auf Veränderungen reagiert. Dabei gibt es nach Schein (2009: 21) drei Ebenen von Kultur: erstens Artefakte beziehungsweise sichtbare Prozesse, zweitens Werte und drittens grundlegende Überzeugungen. Ob nun OKR die Kultur oder andersherum beeinflusst, ist wahrscheinlich ein Henne-Ei-Problem. Zumindest wage ich die Behauptung, dass sich durch OKR die Unternehmenskultur umprogrammieren lässt. Und mit dieser Ansicht bin ich nicht alleine. Johannes Burr (hyppy) fasst dies bildlich zusammen: »OKR wirkt wie ein trojanisches Pferd. Erst willst du ein bisschen was an Zielen machen und auf einmal kommen da lauter Kulturspartaner raus.«

Wollen wir jedoch, dass die Menschen in der Organisation schrittweise neue Grundprämissen für Entscheidungen zu Rate ziehen, sollten wir uns über unser Veränderungsvorhaben im Klaren sein. Welche Glaubenssätze und unsichtbare Annahmen sind heute in den Köpfen und Herzen der Menschen? Und welche möchten wir zukünftig verinnerlicht sehen? Ein paar Ideen:

- Wir reagieren auf Veränderungen und passen unsere Ziele an.
- Wir übernehmen Verantwortung auf allen Ebenen.
- Wir teilen transparent und ehrlich unsere Ergebnisse.
- Wir nutzen Daten als unsere Entscheidungskomplizen.
- Wir machen Fehler, lernen daraus und werden besser.

Die Auseinandersetzung damit kann auch in OKR-Workshops immer wieder ein Thema sein oder in der Begleitung als OKR-Coachs. Doris Leinen (DB Systel) teilt dazu: »Ich komme sehr über die Kultur, sehr über Verantwortung. Wie können wir sie dahin geben, wo sie liegt, damit der Freiraum gesehen und gegeben werden kann.«

OKR ist hier abermals als Trigger zu verstehen. Es regt zum Nachdenken an, nicht nur über die Ausrichtung und die gemeinsamen Ziele, sondern im besonderen Maße, wie eine Organisation zusammenarbeitet, erfolgreich ist und mit Scheitern umgeht. In der Praxis heißt dies insbesondere für die OKR-Community, das ganzheitliche Veränderungsvorhaben im Blick zu behalten und den durch den OKR-Prozess geschaffenen Reflexionsraum zu nutzen sowie Feedback zu geben. Dazu ein paar Beispiele, die die Diskrepanz von wünschenswertem Zielzustand und tatsächlich gelebtem Verhalten aufzeigen und bei denen Feedback und Interventionen hilfreich sein können:

- Ein Unternehmen ruft die »Fehlerkultur« aus. Gleichzeitig »bestrafen« Führungskräfte Mitarbeitenden für nicht erreichte OKR-Sets.
- Eine Führungskraft verlangt von den Mitarbeitenden, datenbasierte Entscheidungen zu treffen, handelt bei eigenen Entscheidungen stets gegensätzlich.
- Mitarbeitende fordern Mitgestaltung ein, nutzen allerdings nicht die Möglichkeit, dies in den Planungs- und Abstimmungsschleifen auch deutlich zu machen.

Die OKR-Community kann hier zu viel mehr werden, als zu reinen Wissensvermittler:innen. Sie sind diejenigen, die on the Job der Organisation den Spiegel vorhalten. Vielleicht fragst du dich jetzt: Ist das nicht zu viel verlangt von einer Community? Schließlich machen die das ja parallel zu ihrem eigentlichen Job. Nein! Dies ist keine Frage von, wie viel Aufwand ich investiere, sondern wie mutig ich bin, die neuen Glaubenssätze authentisch zu vertreten. Skeptiker:innen könnten jetzt sagen, dass das vielleicht klappt, wenn die richtige Kultur schon vorzufinden ist. Und dieses Argument kann ich durchaus nachvollziehen. Je nachdem, wie lange und stark sich das unsichtbare Band um die Glaubenssätzen und Annahme schon hält, desto spannender kann die Reise sein, diese aufzubrechen. Christina Lerch (pentacor) beschreibt, dass es hier gilt, nicht ungeduldig zu werden: »Meine Strategie ist: Sich Zeit lassen. Von Quartal zu Quartal nachjustieren und das, was fließt nach und nach in einem Strom bündeln.«

Damit ist OKR, wie Johannes Burr (hyppy) beschreibt, als »hartes Organisationsentwicklungsthema« zu sehen, das als Lerninstrument aufzeige, wo es auch auf kultureller Ebene anzusetzen gelte. Oder wie Denis Liggeri Bezug nehmend auf seine Heimat lächelnd sagt: »Das ist ein guter Moment, die schwäbische Kehrwoche zu machen. Du kommst nicht drum rum, die Sachen aufzuräumen. OKR hilft dir dabei.«

Wie bereits erwähnt, wer hier wen beeinflusst, ist sekundär. Wichtig ist, zu verstehen, dass wir uns, wenn wir uns mit OKR beschäftigen, immer auch an den Kulturschrauben drehen, ob wir das wollen oder nicht. Ich bin eine Freundin davon, Veränderungsvorhaben proaktiv zu gestalten und im positiven Sinne wachsam zu sein, wie wir OKR als lebendiges System gestalten können.

Braucht es ein Change-Management?

Ja! Braucht es dafür eine eigene Abteilung, die sich darum kümmert? Nein, nicht unbedingt. Das Schöne am OKR-Rahmenwerk ist, es hilft dir, dein Veränderungsvorhaben zu reflektieren, und all die Prinzipien, Artefakte und Events bieten den Rahmen, den es benötigt, die Veränderung nachhaltig zu implementieren. Wenn du dich an die Empfehlung in diesem Buch hältst, durchläufst du bereits die Schritte, die der Organisation helfen, neue Verhaltensweisen zu verinnerlichen. Nehmen wir beispielsweise John Kotters (2012) acht Stufen der Veränderung zur Hand:

1. Zeige die Dringlichkeit auf. (Warum können und wollen wir nicht so weitermachen wie bisher? Und wie kann OKR hier helfen?)
2. Bilde eine Führungskoalition. (Wer ist ein echter Sponsor und wer sind die Schlüsselfiguren?)
3. Entwickle eine Vision und die strategischen Richtungen. (Wie docken OKRs an die Vision an?)
4. Stelle eine Armee der Freiwilligen auf die Beine. (Wie kann eine OKR-Community gestaltet sein?)
5. Räume Hindernisse aus dem Weg. (Wie werden Hindernisse in den OKR-Events transparent gemacht und gemeinsam gelöst?)
6. Strebe kurzfristige Erfolge an. (Durch die Fokussierung auf die wirklich wichtigen Themen gibt es in jedem OKR-Zyklus Erfolge, die ich kommunizieren kann.)
7. Treibe die Veränderung weiter voran. (Wie kann ich insbesondere die OKR-Events noch wirkungsvoller machen?)
8. Und verankere diese in der Kultur. (Wie schaffe ich es, neue OKR-Glaubensätze in der Organisation zu verfestigen?)

In der Praxis oft vernachlässigt, ist, meines Erachtens, die Change-Kommunikation. Viel zu oft wird dies Kommunikationsabteilungen überlassen, die sich dann um eine adäquate Kommunikation kümmern sollen. Insbesondere das Gespräch mit Judith Braun (Deutsche Telekom) ist mir dazu in Erinnerung geblieben, in welchem sie beschreibt: »Wir wollen es schaffen, Mitarbeitende zu wirkungsvollen Kommunikatoren zu machen. Bei uns lautet das Motto: Wir sind die größte Kommunikationsabteilung der Welt.« Daran schließe ich meinen Appell an: Liebe OKR-Community, liebe Sponsoren, liebe Führungskräfte, kommuniziert lieber zu viel als zu wenig.

Zu Beginn des Buches im Kapitel »Was ich gerne vorher gewusst hätte« sind wir bereits auf mögliche Wege im Umgang mit Widerständen eingegangen. Diese Auseinandersetzung bietet aus meiner Sicht das beste Futter, Botschaften herauszuarbeiten, die im Kern die Frage aller Fragen in Veränderungsprozessen beantwortet: »What's in it for me?«, sprich »Was heißt das für mich ganz persönlich?«

Hack: Der Kummerkasten / *Es kann hilfreich sein, einen Kanal für die Sorgen und Befürchtungen der Mitarbeitenden zu etablieren, beispielsweise durch eine Umfrage oder auch Austauschforen. Diese Eindrücke können als Datenpunkte Impulse für die Kommunikation, aber auch für die Bereitstellung zusätzlicher Lernmaterialien bieten.*

Steter Tropfen höhlt den Stein

Neben der Konsistenz der Botschaften geht es in der Veränderungskommunikation rund um OKR darum, wie kontinuierlich wir es schaffen, zu kommunizieren. Dies ist in einigen Interviews sehr deutlich herausgeklungen. Wiederholen, wiederholen, wiederholen: Das ist die Devise. »Ich kann immer wieder nur raten, überzukommunizieren, bis es den Menschen aus den Ohren rauskommt.« (Denis Liggeri, StepStone). Dies gilt nicht nur für die Kernbotschaften, sondern auch für die zur Verfügung gestellten Austauschangebote. Dazu Judith Altemark (BabyOne): »Ich glaube, ich würde versuchen, noch mehr Kommunikationsangebote zu schaffen. Immer ein Ticken mehr anbieten, als vielleicht nötig wäre.« Diese Angebote gelte es insbesondere für das mittlere Management zu schaffen, ergänzt Daniel Schönheim (Eurowings).

Es geht also nicht nur um die passenden Botschaften und Angebote, sondern auch darum, wie geduldig wir diese kommunizieren. Dabei rufe ich mir selbst immer wieder in Erinnerung, dass gesagt eben noch lange nicht gehört und verstanden ist. Wenn ich gehört werden will, muss ich kommunizieren und unter Umständen fangen die Menschen erst an, zuzuhören, wenn ich selbst müde bin, darüber zu berichten.

Mir liegt die Change-Kommunikation am Herzen, weil eben die tollsten und wichtigsten und besten Veränderungsvorhaben scheitern können, wenn sie nicht bei den Menschen ankommen. Dazu passt auch die Erfahrung, die Julia Ries (Media Impact) teilt: »Als nach drei Jahren OKR gefühlt etwas der Schwung verloren ging, wurde in einer organisationsweiten Reflexion die Sinnfrage gestellt. Dadurch wurde zum einen noch einmal die Zustimmung der Mitarbeitenden eingeholt und zum anderen viele Verbesserungsmöglichkeiten entdeckt. Wir haben festgestellt, dass viele den Prozess technokratisch verstanden haben und es überhaupt nicht in den Herzen ankam. Und dann leuchteten die Augen unserer Kreativen. Die Idee war so unfassbar banal, aber scheinbar genau das, was uns gefehlt hat. Wir brauchten eine Geschichte, die die Herzen erreicht: Make OKRs lovable. Daraus entstanden ist bildhaft eine Weltraum MI-ssion (MI steht für Media Impact) mit Planeten, Raketen und Astronauten. Die Erreichung unserer strategischen Ziele gilt global als MI-ssion. Die interdisziplinären Projekte oder großen Bereichsthemen sind dann schlicht und verständlich ›Team Ziele‹, die auf die Media Impact Ziele einzahlen.«

OKR, Kultur und Change sind für mich Komplizen und Teil einer ganzheitlichen Betrachtung. OKR als Kulturveränderungsthema zu begreifen, ist für viele Organisation vielleicht zu viel des Guten und das ist auch in Ordnung –

zumindest für den Anfang, um die Organisation nicht zu überfordern. Mit wachsendem OKR-Reifegrad sollte sich die OKR-Community sowie das Sponsorship allerdings mit den entstehenden Fragestellungen auseinandersetzen und diesen auch entsprechend begegnen. Kommunikation ist dabei keine zusätzliche Nice-to-have-Aufgabe, es ist die Kernaufgabe.

9.2 OKR und Performance: Wie passt das zusammen?

Eine spannende Frage, die früher oder später in Unternehmen auftritt, ist wie OKR mit einem Performance-Management-System und einer individuellen Leistungsvergütung zusammenhängt. In vielen Unternehmen finden jährliche Zielvereinbarungsgespräche statt, an denen mitunter auch ein individueller Bonus hängen kann.

Ist die jährliche Leistungsbeurteilung noch zeitgemäß?

Meiner Meinung nach ist sie das nicht. Ist es nicht paradox, auf der einen Seite zu akzeptieren, dass wir anpassungsfähig bei der Zielentwicklung und -umsetzung bleiben müssen (und deshalb OKR nutzen) und auf der anderen Seite nur einmal im Jahr offiziell ein Mitarbeitergespräch führen? OKR verändert nicht nur die Art und Weise, wie wir Ziele schreiben, sondern auch, wie wir diese unterjährig anpassen und ausgestalten. Um dieser Dynamik des (Geschäfts-)Umfelds gerecht zu werden, sind insbesondere Führungskräfte gefragt, kontinuierlich und nicht nur einmal jährlich über Ziele und Leistung zu sprechen.

Des Weiteren besteht auch ein Risiko, dass parallel laufende Zielsetzungssysteme sich sprichwörtlich in die Quere kommen. Setzt nämlich ein Unternehmen auf OKRs und individuelle Zielvereinbarungen zur gleichen Zeit, können erfahrungsgemäß zwei Phänomene auftreten. Erstens: Mitarbeitende müssen sich, wenn es eng wird, entscheiden, ob die Team-OKRs oder die persönliche Zielvereinbarung Priorität hat und zweitens: Wenn an Letzterer ein Bonus hängt, wird vermutlich diese Priorität Vorrang haben.

Egal, ob ein Unternehmen sich entscheidet, mit zwei Zielsystemen zu arbeiten (was ich nicht favorisiere) oder auf OKRs setzt, liegt es an den Beteiligten, die Fokussierung on the way zu kalibrieren. Die Führungskraft entwickelt sich damit zusehends zum kontinuierlichen Feedbackgeber.

Welchen alternativen Ansätze gibt es?

John Doerr beschreibt in seinem lesenswerten Buch »Measure what matters« CFR als einen Weg kontinuierlich die Mitarbeitenden in der Ausschöpfung ihres Potenzials zu unterstützen. CFR steht für »Conversation«, »Feedback« und »Recognition« und beschreibt damit drei Prinzipien, auf denen Performance Management basiert. (Doerr 2018: 124/25). Das Gespräch zwischen dem Mitarbeitenden und der Führungskraft soll authentisch und gleichermaßen strukturiert sein, mit dem Ziel, die Leistung zu steigern. Feedbackschleifen werden im Idealfall in den unterschiedlichsten Konstellationen etabliert, ob zwischen Führungskraft und dem Mitarbeitenden oder innerhalb des Teams. Darüber hinaus benötigt jeder Mensch ein gewisses Maß an Anerkennung und Wertschätzung. Dieser Dreiklang kann zum wahren Performancetreiber werden.

Bei der METRO.digital nutzen wir diesen Ansatz in adaptierter Form, beispielsweise über sogenannte Eins-zu-Eins-Besprechungen (kurz 1:1). In der Regel finden diese zwischen Führungskraft und Mitarbeitendem statt, können aber auch zwischen anderen Funktionen crossfunktional erfolgen. Das 1:1 unterscheidet sich von einem klassischen Statusmeeting oder Jour Fixe dadurch, dass der Fokus vor allem auf dem Geben und Nehmen von Feedback, die Abstimmung der kommenden Prioritäten und nach Bedarf Lösungsideen zur Überwindung von Hindernissen gesammelt werden. Ich verwende als Struktur gerne ein 1:1-Board, dass der Logik des

Kanban-Boards folgt. Dafür eigenen sich gut digitale Tools wie Trello oder Microsoft Planner. In der Regel dauert dieses Meeting im Mittel dreißig Minuten und findet idealerweise wöchentlich, mindestens jedoch monatlich statt.

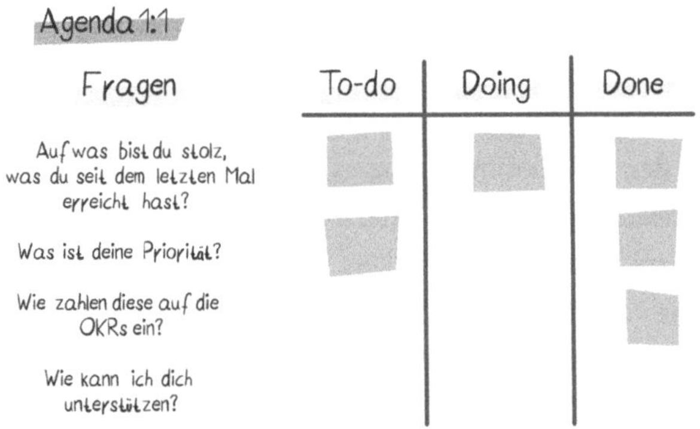

Das reine Handwerk des Schreibens von OKRs kann auch Individuen helfen, mehr Klarheit und damit Fokus zu erlangen. Wer für das persönliche Ziele Setzen und Erreichen in diesen regelmäßig stattfindenden Gesprächen eine OKR-Logik nutzen möchte, dem steht nichts entgegen. Ich rate allerdings davon ab, dies zu einer Pflichtübung für die ganze Organisation zu machen.

Neben den 1:1 Performance-Gesprächen sind auch weitere Formate denkbar. In Teams, die ich als Coach begleite, mache ich gerne regelmäßig Speedback-Runden. Dies ist eine Kombination aus Feedback und Speeddating. Die Teilnehmenden werden gebeten, sich vorab bereits Gedanken zu möglichen Verbesserungsfeldern ihrer Teammitglieder zu machen. Diese Stichworte bringen sie zum Speedback-Termin mit, an welchem sie die Möglichkeit haben, sich in bilateralen Gesprächen mit ihren Kolleg:innen darüber auszutauschen.

Aus meiner Sicht gibt es viele wirksame Ansätze, Performance Management mit OKR in den Einklang zu bringen.

Der Kreativität sind hier kaum Grenzen gesetzt (außer das Thema Bonus, zu dem wir gleich noch kommen werden). Miteinander sprechen kann Berge versetztzen. Auch hier gilt, dieser Muskel will trainiert werden. Ich ermuntere Unternehmen, über Performance zu sprechen und die viel beschworene Feedbackkultur mit Leben zu füllen. Dazu Timo Salzsieder (METRO.digital): »Ich nehme wahr, dass OKR indirekt einen Einfluss auf die Feedbackkultur hat, weil wir mehr über die Themen sprechen, die übergreifend stattfinden.«

OKR und Boni: Ist das eine gute Idee?

Falls du dich jetzt fragst, was mache ich mit unserem etablierten Bonussystem? Macht es Sinn, es mit OKR zu verknüpfen? Die kurze Antwort: Nein, zumindest nicht auf individueller Ebene. Zu Beginn des Kapitels haben wir den Zusammenhang zwischen OKR, Unternehmenskultur und Glaubenssätzen gesprochen. Glauben wir daran, dass Menschen schneller, besser, effizienter (...) arbeiten, wenn wir ihre Leistung an Geld knüpfen? Wenn wir wollen, dass Menschen zusammen an übergreifenden Zielen arbeiten, sollten wir keine übereilten Schritte machen, die dazu führen könnten, dass wir die »alten« Glaubenssätze mit unserm Handeln noch manifestieren. Paul Rodoreda (Haufe Talent) hält dazu fest: »Das ist ein ganz anderes Wertesystem, in dem wir hier unterwegs sind. Es geht um Lernen und gemeinsam besser werden oder anders gesagt: Es ist okay, Fehler zu machen, solange du daraus lernst. Das müssen Menschen erst einmal begreifen, dass es hier nicht um Bestrafung und Kontrolle geht.«

Zahlreiche Forscher:innen und Autor:innen sind dieser Frage auf den Grund gegangen, inwiefern monetäre Anreize die Motivation steigern. Einer davon ist Daniel Pink in seinem Buch »Drive« in dem er aufzeigt, wie wenig wirkungsvoll Bestrafungen und Belohnungen für viele Wissensarbeiter:innen sind und wie sehr das die Kreativität einschränken kann. So fasst Pink zusammen: »Control leads to compliance, autonomy leads to engagement« (Pink 2009: 36). OKR ermöglicht Autonomie im ausgerichteten Rahmen und benötigt keine Incentivierung, da die Motivation der Mitarbeitenden schon Teil der Philosophie ist. Schließlich werden gemeinsame Ziele ausgestaltet, in denen die Mitarbeitenden auch einen Sinn sehen. Alexander Trampisch (SwissCommerce Group) berichtet dazu: »Uns schweißt OKR zusammen, denn es hat den Effekt bei den Mitarbeitenden, dass es für jede einzelne Person besser greifbar ist, wie sie zum Gesamterfolg beitragen kann.«

Von einer Incentivierung von Einzelleistung rate ich ab, da diese sogar genau das Gegenteil verursachen könnte, von dem was wir mit OKR erreichen wollen. Folgendes könnte geschehen:

- OKR-Sets werden defensiv geplant und der ambitionierte Charakter geht verloren
- Belohnung von Einzelleistung führt im schlimmsten Fall dazu, dass das Individuum sich selbst optimiert und den Teamerfolg außer Acht lässt.

Wie sieht es mit einer Incentivierung auf Teamebene aus?

Mir ist kein Unternehmen bekannt, das mit einer Verknüpfung von OKR und einer variablen, individuellen Vergütung Erfolg hatte. OKR-Pioniere wie John Doerr (2018: 126), vertreten die klare Haltung, dass dies »entkoppelt von der Vergütung zu betrachten« sei. Gleichzeitig begegnen mir in Gesprächen auch Tendenzen, mit Belohnungen auf Teamebene zu experimentieren. Wichtig ist hier der Unterschied zwischen Anreiz und Belohnung. Während ein Anreiz dem Muster folgt »Wenn du X erreichst, bekommst du Y« und damit quasi den Menschen eine Möhre vor die Nase hält, funktioniert die Belohnung im Anschluss an das Erreichte, ohne vorab ein Versprechen abzugeben. Der Belohnung wohnt im besten Fall ein Überraschungseffekt inne. Alexander Trampisch (SwissCommerce Group) berichtet in diesem Zusammenhang, dass sie beispielsweise als Belohnung für die erreichten Ziele mit der gesamten Firma in einen großen Freizeitpark gefahren seien. Des Weiteren könnten Unternehmen auch gezielt überlegen (und hier sehe ich abermals die OKR-Community als Vorreiterin), welches gelebte Verhalten von Teams oder Unternehmenseinheiten sie gezielt belohnen wollen. Wollen wir eine Fehlerkultur fördern? Wollen wir ambitionierte Ziele belohnen? Wollen wir Lernen feiern? Warum also nicht genau diese Dimensionen bei einem All-hands-Meeting auszeichnen.

Kritiker könnten jetzt sagen, dass auch das nur eine lokale Optimierung auf Teamebene sei. Das Risiko besteht sicherlich, allerdings lässt sich dies über diesen Ansatz weitaus besser justieren.

Es bleibt jedoch spannend, was zum Thema Anreize und OKR in den kommenden Jahren passiert. Timo Salzsieder (METRO.digital) ist beispielsweise der Meinung: »OKR wird sich, entgegen der ursprünglichen Lehre, in Richtung eines Performanceinstruments entwickeln. Nicht auf individueller Ebene, aber auf Teamebene. Das könnte aus meiner Sicht schon eine Geheimwaffe sein.«

Unter Umständen lassen sich variable Vergütungskomponenten auch an übergreifenden Zielen von Einheiten oder Clustern aus Teams andocken. In den nächsten Jahren wird es dazu sicherlich auch die ersten Experimente geben, die im kleinen Rahmen austesten, welche Möglichkeiten es hierzu gibt. Ich wage die Behauptung, dass diese sehr individuell auf die Bedürfnisse des jeweiligen Unternehmens zugeschnitten sein werden und damit auch lediglich in dessen Kontext zu verstehen sind.

OKR und Performance gehen Hand in Hand, wenn wir den Fokus auf das Miteinander und nicht auf eine Optimierung des Individuums legen. Wir wollen als Organisation besser werden und jede einzelne Person trägt dazu etwas bei. Ein ehrliches Miteinander, kontinuierliches Feedback und das richtige Maß an Anerkennung können weitaus mehr an Leistungspotenzial entfalten als ein jährliches Zielvereinbarungsgespräch, bei dem das individuelle Ziel unter Umständen konträr zum dem des Teams ist.

9.3 Unser OKR: Wie viel Anpassung darf sein?

Der Grundtenor dieses Buches ist, OKR als selbst auszugestaltenden Rahmen wahrzunehmen. Es gibt nicht das richtige OKR genauso wenig, wie ein Patentrezept für Kulturentwicklung. Vielmehr sind es die Leitlinien und Prinzipien, die uns helfen, die Außenlinien des Spielfelds zu definieren oder wie Paul Niven und Ben Lamorte (2016) schreiben: »This open-source environment is a great boon for organizations, because it allows for customization and flexibility in implementation.« Meines Erachtens ist das Rahmenwerk auch so offen gestaltet, dass sich Unternehmen bewusst bei der Einführung damit auseinandersetzen müssen, wie die OKR-Architektur aussieht. Zu kurz kommt manches Mal die Fragestellung »Welches Problem wollen wir mit OKR lösen?« und so tappt manch eine Organisation in die Falle einfach nur auf einen Zug aufzuspringen, der gerade en vogue ist.

Was wenn nur OKR draufsteht?

Leider passiert es in der Praxis zu häufig, dass, unter der Motivation der Anpassung, einfach die verwendeten Zielsetzungssystemen (wie Management by Objective) in OKR umbenannt werden. Es spricht nichts gegen diese Zielsetzungssysteme, doch wenn sie außer dem Begriff »Ziel« nichts weiter mit OKR gemeinsam haben, sollten sie nicht OKR heißen. Daniel Schönheim (Eurowings) bringt das treffend auf den Punkt: »Don't call it Schnitzel. Nenn es nicht OKR, wenn es nicht OKR ist.«

Dabei empfehle ich, auch in diesen Fällen transparent zu sein. Es ist okay, auch nicht OKR zu machen. Thorsten Ziegler (DB Systel) berichtet beispielsweise: »Unser Veränderungsziel ist nicht, dass alle OKRs machen, sondern wir wollen Steuerung in und durch die Teams ermöglichen. Wenn ich als Team am Ende in der Lage bin, mir Ziele zu setzen und nachzuhalten, dann ist das doch gut.«

Was heißt »Unser OKR«?

Vor einigen Jahren habe ich das japanische Konzept »Shu Ha Ri« kennengelernt. Es beschreibt drei Stufen, die Lernende auf dem Weg zu Großmeistern durchlaufen. Es hat seinen Ursprung in asiatischen Kampfsportarten wie Aikido, lässt sich aber auch auf das Erlernen anderer Disziplinen außerhalb des Sports übertragen. Die erste Stufe ist »Shu«, was so viel bedeutet wie »gehorchen, erhalten«. Die beschriebenen Regeln werden nachgeahmt und eingeübt, bis sie sitzen. In der zweiten Stufe »Ha« (frei werden, abschweifen) wird sich über die erlernten Regeln hinweggesetzt. Es wird situativ angepasst und variiert. Die Voraussetzung ist allerdings, dass im »Shu« bereits eine Grundlage geschaffen wurde, die hinterfragbar ist. In der dritten Stufe »Ri« (trennen, abschneiden) werden die gegebenen Muster aufgegeben und neue Wege gegangen.

»Shu Ha Ri« ist auch im Zusammenhang mit OKR ein hilfreiches Modell. Meiner Erfahrung nach überspringen viele Organisationen die erste Stufe »Shu«. OKR bietet zwar viel Freiraum zur Anpassung, allerdings empfehle ich Unternehmen, IHR Rahmenwerk bestmöglich zu definieren und die Belegschaft zu ermuntern, dieses einzuüben. Denn die »Uneinigkeit im Prozess wird zur Uneinigkeit im Team.«, wie Christina Lerch (pentacor)

festgestellt hat. Deshalb ist es aus meiner Sicht auch so wichtig, zu Beginn einer OKR-Einführung klarzumachen, wie der OKR-Prozess für das jeweilige Unternehmen aussieht. Es wird also nicht nur OKR gemacht, sondern OKR bei METRO, Haufe oder OTTO. Christina Lerch (pentacor) berichtet dazu: »Wir haben relativ schnell festgestellt, dass so, wie die Methode beschrieben ist, funktioniert das für uns nicht, denn wir haben als junges IT-Dienstleistungsunternehmen weder Abteilungen, Managementebenen noch ein explizites Produkt. Deshalb haben wir entlehnt, was für uns nützlich ist und uns daraus eine individuelle Methode inklusive humorvollem Eigenamen gebastelt: pOKReR ist ein Kunstwort, bei dem die einzelnen Buchstaben ihre Bedeutung verloren haben.«

Da die »Nutzung individuell anzupassen ist, kann das manchmal auch zur Verwirrung bei den Mitarbeitenden führen.«, berichtet Zwetomir Karagaschki (METRO.digital). Deshalb empfehle ich Unternehmen, das individuelle OKR-Rahmenwerk 1.0 nach bestem Wissen und Gewissen zu entwickeln und ein bis zwei OKR-Zyklen auch so durchzuziehen. Die Methodik will eingeübt werden (»Shu«), bevor wir bereit sind, diese weiterzuentwickeln. Dies gilt es dann, Schritt für Schritt anzugehen und das OKR-Haus auszugestalten, wie Judith Braun (Deutsche Telekom) beschreibt: »Ich sehe mich als OKR-Architektin, die schaut und unterstützt, was customized möglich ist.« Diese schrittweise Begleitung und Anpassung ist das, was den Unterschied in der nachhaltigen Implementierung macht. Dabei kann die Frage »Was ist gut für jetzt?« von Denis Liggeri (StepStone) ein guter Begleiter sein. Denn es werden individuelle Hindernisse sein, die eine Organisation auch für sich überwinden muss. Judith Altemark (BabyOne) fasst zusammen: »OKR ist verdammt schnell eingeführt, im Verhältnis dazu, es wirklich zum Laufen zu bringen. Die Fragen, die dann auftauchen, sind die, die Zeit, Köpfchen und Mut kosten, weil da gibt es niemanden, der dir bestätigt, dass das der richtige Weg ist.«

Dabei ist es stark kontextabhängig und in einen Start-up kann die Ausgestaltung ganz anders sein als im Konzern mit all den Herausforderungen, die beispielsweise Timo Salzsieder (METRO.digital) im Vorwort bereits angedeutet hat (Skalierung, Internationalisierung, Multiorganisationale Architektur). So beschreibt er: »Ähnlich wie agil: Es gibt die Grundprinzipien von OKR, aber der OKR-Prozess, den wir jetzt bei der METRO im Einsatz haben, unterscheidet sich von dem, was ich in früheren Unternehmen erlebt habe. Deswegen glaube ich, die Methodik wird langfristig da sein und sie wird sich weiterentwickeln.«

Ist OKR nur ein Trend?

Bei einem bin ich mir sicher: OKR wird sich weiterentwickeln und das ist auch gut so. Aus meiner Sicht ist es paradox, dass ein Rahmenwerk, dessen Herzschlag kontinuierliche Weiterentwicklung ist, starr bleibt. Des Weiteren bin ich der Meinung, dass die Art und Weise, wie Menschen gemeinsam Wert schöpfen, immer eine Kernfrage von Organisationen sein wird. Dies über eine Vision, strategischen Kontext und Ziele zu tun, ist nicht neu, sondern hat sich in der weiterentwickelten Form als OKR manifestiert. Wenn wir dann noch anerkennen (und da hat die Coronapandemie eine positive Wirkung gehabt), dass Menschen auch dann produktiv sind, wenn sie nicht alle von 9:00 bis 17:00 im Büro sitzen, dann wird klar, dass auch hier ein Upgrade von Zusammenarbeit benötigt wird. Denis Liggeri (StepStone) ist der Meinung: »Wenn du moderne Mitarbeiterführung machen möchtest, im Sinne von servant leadership, dann ist da kaum Platz für Hierarchie und dann kommst du um OKR kaum herum.«

OKR und andere agile Rahmenwerke sind schon lange nichts mehr nur für die Technologieunternehmen. Vielmehr erkennen Firmen unterschiedlicher Couleur, wie sie damit den Herausforderungen dynamischer Märkte und den Bedürfnissen ihrer Mitarbeitenden besser begegnen können. Timo Salzsieder (METRO.digital) berichtet dazu: »Ich glaube, dass OKR tatsächlich sehr breit, selbst über diverse Industrien hinweg, auch in sehr traditionellen funktioniert. Das geht übergreifend über alle Industrien hinweg, in die Landschaft hinaus.«

Zusammenfassend lässt sich also festhalten: OKR muss zum Unternehmen passen und angepasst werden, damit es die erhoffte Wirkung entfalten kann. Einfach OKR als neuen Wein in einen alten Schlauch zu packen, das wird schnell enttarnt werden und dann ist die Methode unter Umständen bereits verbrannt.

Im zurückliegenden Kapitel sind wir in Kulturfragen und Glaubenssätze rund um OKR und das Für und Wider hinsichtlich der Verknüpfung mit Performancemanagement eingetaucht. Die Essenz: OKR an eine individuelle, variable Vergütung zu knüpfen, ist keine gute Idee. Weitere Themen wie Feedback und Performance sollten diskutiert und angegangen werden. Noch mehr Fragestellungen werden im Laufe des OKR-Lebenszyklus auftauchen. Dieser Diskurs wird gestaltet von den leidenschaftlichen Menschen in der Organisation, die mutig andere, vielleicht neue oder irritierende Verhaltensweisen vorleben. Ich bin davon überzeugt, dass es diese Menschen auch in deiner Organisation gibt!

Ein paar Gedanken zum Schluss

Vor Kurzem schaute ich wieder das zehn Jahre alte Video von Rick Klau (Google) an. In diesem erklärt er OKR und wie es bei Google gelebt wird. Meine erste Reaktion: Wieso soll ich mir Meilensteine- und Outputziele setzen? Ehrlich gesagt, bin ich positiv überrascht, wie toll sich OKR weiterentwickelt hat. Ich hoffe, ich halte auch in zehn Jahren, in 2032, dieses Buch in den Händen und bin gleichermaßen entzückt, wie sich OKR als Rahmenwerk verändert hat.

Vielleicht sind bis dahin auch einige dieser offenen Fragen beantwortet, so zum Beispiel:

- Welche Performance Management Ansätze mit OKR werden auftauchen?
- Wie wird sich unsere Zusammenarbeit in hybriden Umgebungen weiterentwickeln? Und welche Auswirkungen wird das auf OKR haben?
- Wie verändert sich HR, Controlling, und weitere Funktionen, wenn wir in immer kürzeren Zyklen planen und anpassen?

Das Ziel dieses Buches ist die gelebte Praxis von OKR, insbesondere im deutschsprachigen Raum, aufzuzeigen. Die Facetten, in denen OKR gelebt wird, sind sehr vielfältig und gleichzeitig eint die Menschen, mit denen ich sprechen durfte, eines: Sie wollen wirksam sein. Sie wollen etwas bewegen. Sie wollen wirklich etwas leisten. Dieses tief sitzende psychologische Grundbedürfnis treibt sie an.

Dabei ist OKR so vieles: ein Rahmenwerk, ein Betriebssystem, ein Kommunikations- und Verhandlungsinstrument, wie ein Röntgengerät oder ein Transformationsbeschleuniger. Was immer es für dich und deine Organisation ist: Ich hoffe, du hast für dich erkannt, welches Potenzial darin stecken könnte und dass es um weitaus mehr geht, als um das reine Setzen von Zielen. Am Ende geht es nämlich darum, dass wir als Organisation liefern und unseren Kund:innen und Gästen ein Erlebnisse verschaffen, die in Erinnerung bleiben.

Und dann erinnere ich mich an das Gespräch mit Alexander Trampisch (SwissCommerce Group) im Februar 2022. Er im Auto auf dem Weg nach Hause zu seiner Familie, ich am Fenster mit Blick auf das regnerische Düsseldorf. Wir sprechen darüber, dass es durchaus auch gut sein kann, mit etwas Naivität an eine Kulturveränderung und OKR-Implementierung ranzugehen. Frei nach dem Motto: Hätten wir gewusst, was vor uns liegt, hätten wir es dennoch getan? Als ich dann über meinen ambitionierten Plan bis zum ersten Entwurf des Manuskriptes zu diesem Buch spreche, fasst Alexander zusammen: »Eine gesunde Naivität ist vielleicht auch in diesem Fall ein guter Begleiter«. Wie recht er hatte.

Wer sich nicht bewegt, wird nichts bewegen

Mit diesen Zeilen geht vorerst meine Schreibe- und Entdeckungsreise zu Ende. Auf dem Weg habe ich festgestellt, wie anstrengend und faszinierend zugleich dieser Prozess des Wissen-Schaffens und des Wissen-Teilens ist. Mein Anspruch war und ist nicht, die Welt zu verändern, aber vielleicht habe ich es geschafft, genau dir für die wirksame Inspirationen, Impulse und Denkanstöße zu geben. Vielleicht ist mir das gelungen, vielleicht auch nicht: In beiden Fällen freue ich mich über eine Nachricht von dir an christina@pragmaticchange.com.

Dieses Buch wäre nicht entstanden ohne eine offene und lebendige Community an Agile Coaches, OKR-Mastern und Organisationsentwickler:innen, die ich über Konferenzen, Meet-ups und LinkedIn kennengelernt habe. Sollten wir noch nicht miteinander vernetzt sein, freue ich mich über deine Kontaktaufnahme.

In diesem Sinne: Vorerst endet unsere gemeinsame Reise mit »OKR in der Praxis«, doch ich freue mich auf ein Wiedersehen. Dann bin ich gespannt zu hören, wie du OKR zu deinem Ding gemacht hast.

11 Danke!

Es braucht ein Dorf, um ein Kind zu erziehen und um ein Buch zu schreiben, braucht es wohl eine ganze Stadt. Ich bin sehr dankbar für all die Unterstützung, die ich von den unterschiedlichsten Seiten erfahren habe.

Tausend Dank an all die Interviewpartner:innen für die Offenheit und den inspirierenden Austausch auch über die Interviews hinaus: Judith Altemark, Mathias Böni, Judith Braun, Johannes Burr, Martin Entress, Stefan Friedrich, Tjorven Niels Graßnick, Andreea Havrisciuc, Stephanie Junghans, Zwetomir Karagaschki, Ginesh Koottakara, Valentina Kvesic, Doris Leinen, Christina Lerch, Denis Liggeri, Lin Liu, Frauke von Polier, Julia Ries, Paul Rodoreda, Timo Salzsieder, Daniel Schönheim, Isabel Sum, Alexander Trampisch, Sascha Wegner, Thorsten Ziegler.

Herzlichen Dank, Timo Salzsieder, für dein Vorwort, sowie Dr. Tobias Schröder und Mark Lambertz für eure Gastbeiträge. Mark, ohne dich hätte ich nie angefangen. Ich hoffe, das weißt du!

Ebenfalls ein Dank an alle, die mich in vielfältiger Weise auf diesem Weg unterstützt haben. Ob Kontakte vermitteln, ehrliches Feedback geben und Mut zu sprechen: Dankeschön!

Ein Hoch auf die METRO.digital und dass ich in einer Kultur und mit Menschen arbeiten darf, die mein Vorhaben von Anfang an unterstützen. Neben den bereits Erwähnten ein Dankeschön an Daniela Lica für das Rückenfreihalten und Daniel Miebach als das Ass im Ärmel in Designfragen.

Danke, Diana Bister für dein Feedback zum Manuskript. Danke, Helene Hoffmann für dein messerscharfes Lektorat. Danke, Christian Hoffmann, stellvertretend für den Verlag BusinessVillage, für das mir entgegenbrachte Vertrauen.

Und das Wichtigste zum Schluss: Danke, Mone. Du weißt warum.

Literatur- und Onlinequellen

Theresa A. Amabile, Steven J. Kramer (2011): The Power of Small wins, Harvard Business Review. https://hbr.org/2011/05/the-power-of-small-wins. Abruf am 17. August 2022.

Kent Beck et al. (2001): Manifesto for Agile Software Development. https://agilemanifesto.org. Abruf am 17. August 2022.

Martin Belam (2021): Dare mighty things: hidden message found on Nasa Mars rover parachute. In: TheGuardian.com. https://www.theguardian.com/science/2021/feb/23/dare-mighty-things-hidden-message-found-on-nasa-mars-rover-parachute. Abruf am 17. August 2022.

Jeff Bezos (2016): Letter to the shareholders. https://s2.q4cdn.com/299287126/files/doc_financials/annual/2016-Letter-to-Shareholders.pdf. Abruf am 17. August 2022.

Felipe Castro (o. J.): Shared OKRs: The »Secret« Weapon to Breaking Down Silos. https://felipecastro.com/en/blog/shared-okrs. Abruf am 17. August 2022.

James Clear (2018): Atomic Habits. An Easy & Proven Way to Build Good Habits & Break Bad Ones. Random House Business.

Stephen Covey (1990): The Seven Habits of Highly Effective People. Fireside Book.

Alistair Croll, Benjamin Yoskovitz (2013): Lean Analytics. Use Data to Build a Better Startup Faster. O'Reilly and Associates.

John Cutler, Jason Scherschligt (o. J.): The North Star Playbook. https://amplitude.com/north-star. Abruf am 17. August 2022.

John Cutler (2018): The Random Ticket Game. https://medium.com/hackernoon/the-random-ticket-game-693f6a6c7ea4. Abruf am 17. August 2022.

Bart den Haak (2021): Moving the Needle With Lean OKRs: Setting Objectives and Key Results to Reach Your Most Ambitious Goal. Business Expert Press.

Yuen Desmond (2018): What To Do When You Cannot Make a Decision? Try The Revolving Door Test. https://medium.com/swlh/dont-let-your-emotions-make-your-decisions-try-the-revolving-door-test-cdd1e567fa51. Abruf am 17. August 2022.

John Doerr (2018): Measure What Matters: OKRs: The Simple Idea that Drives 10x Growth. Portfolio Penguin.

Amy Edmondson (2021): The importance of psychological safety. https://www.youtube.com/watch?v=eP6guvRtOUO&t=20s. Abruf am 17. August 2022.

Google (o.J.): Google's OKR playbook. https://www.whatmatters.com/resources/google-okr-playbook. Abruf am 17. August 2022.

Google (o. J.): Guide: Set goals with OKRs. https://rework.withgoogle.com/guides/set-goals-with-okrs. Abruf am 17. August 2022.

Google (o. J.): Guide: Understand Team Effectiveness. https://rework.withgoogle.com/guides/understanding-team-effectiveness. Abruf am 17. August 2022.

Andrew Grove (1995): High Output Management. Vintage.

Tim Herbig (2021): A Practical Guide to Using OKRs in Product Management. https://herbig.co/okrs-product-management. Abruf am 17. August 2022.

Rick Klau (2013): How Google sets goals: OKR. https://www.youtube.com/watch?v=mJB83EZtAjc. Abruf am 17. August 2022.

John Kotter (2021): Accelerate! https://hbr.org/2012/11/accelerate. Abruf am 17. August 2022.

Daniela Kudernatsch (2020): Toolbox Objectives and Key Results: Transparente und agile Strategieumsetzung mit OKR. Schäffer-Poeschel.

Henri Lipmanowicz, Keith McCandless (o. J.): Liberating Structures. https://www.liberatingstructures.com/1-1-2-4-all. Abruf am 17. August 2022.

Greg McKeown (2014): Essentialism: The Disciplined Pursuit of Less. Currency.

Murakamy (2021): Lust auf Strategie? Warum es eine klare Vision und saubere Strategie für OKRs braucht. https://murakamy.com/blog/okr-vision-strategie-keynote. Abruf am 17. August 2022.

Paul R. Niven, Ben Lamorte (2016): Objectives and Key Results: Driving Focus, Alignment, and Engagement with OKRs. Wiley Corporate F&A.

Daniel H. Pink (2009): Drive – the surprising trith about what motivates us. Penguin Group.

Edgar H. Schein (2009): The Corporate Culture Survival Guide. Jossey-Bass.

Ken Schwaber, Jeff Sutherland (2020): The 2020 Scrum Guide™. https://scrumguides.org/scrum-guide.html. Abruf am 17. August 2022.

Kim Scott (2017): Radical Candor: How to Get What You Want by Saying What You Mean. Macmillan.

Christina R. Wodtke (2021): Radical Focus. Achieving Your Most Important Goals with Objectives and Key Results (Empowered Teams). Cucina Media LLC.

Christina R. Wodtke (2016): Introduction to OKR, O'Reilly. https://www.oreilly.com/library/view/introduction-to-okrs/9781491971475/ch02.html. Abruf vom 17. August 2022.

Christina R. Wodtke (2014 a): The Art of the OKR. https://eleganthack.com/the-art-of-the-okr. Abruf vom 17. August 2022.

Christina R. Wodtke (2014 b): Monday commitments and Friday wins. https://www.linkedin.com/pulse/20140505145821-93094-monday-commitments-and-friday-wins. Abruf vom 28. September 2022.